AF474519

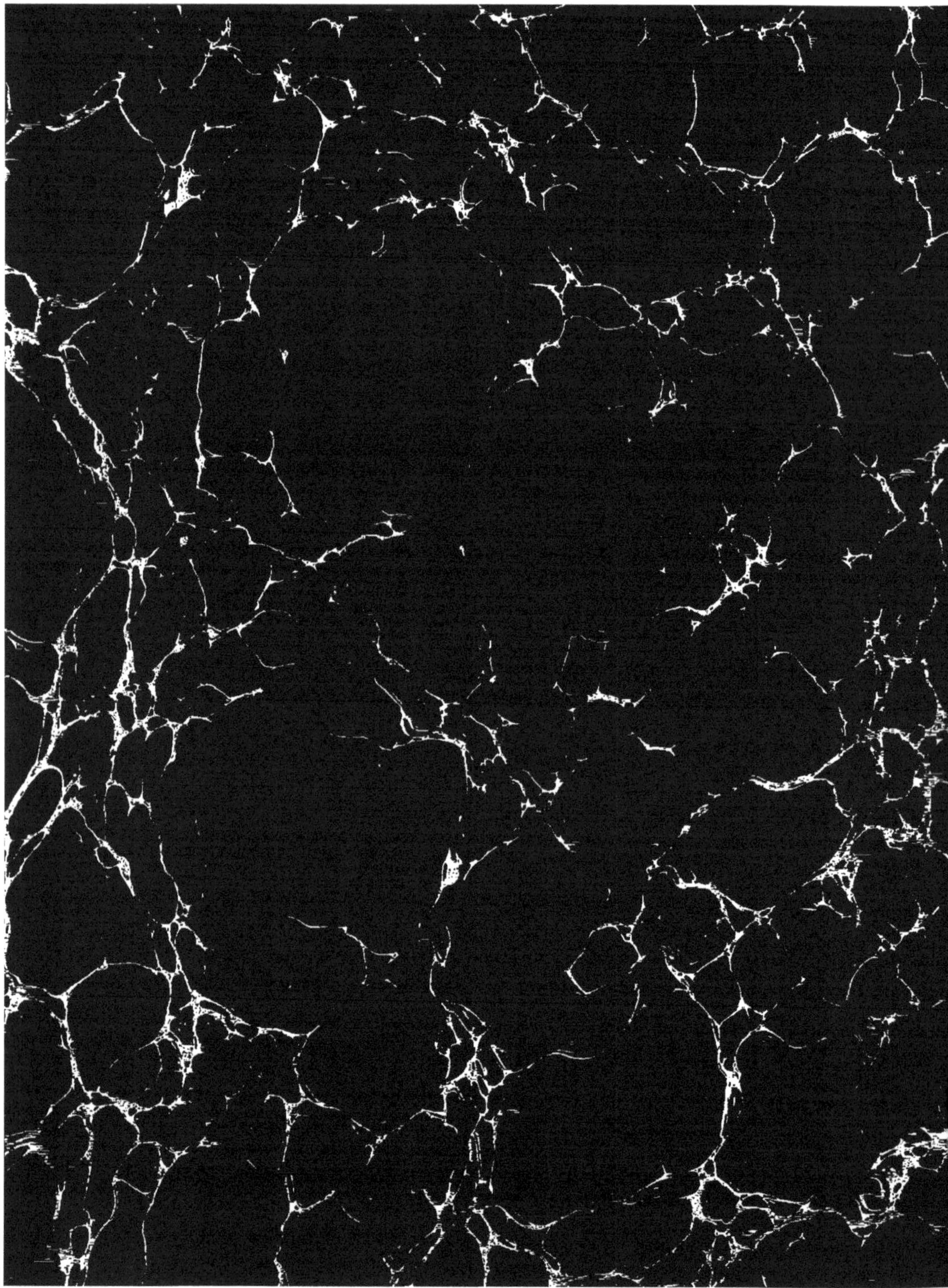

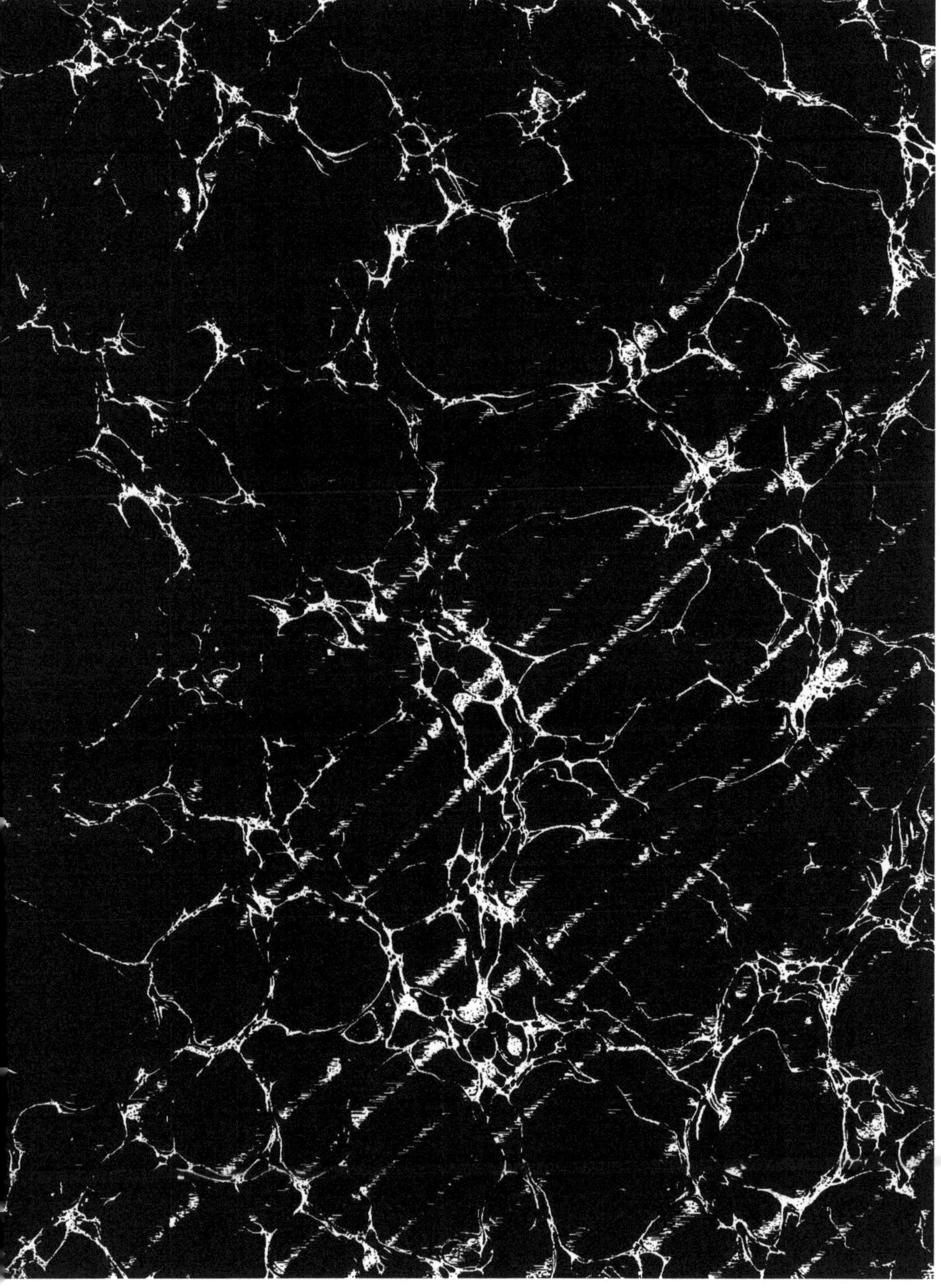

PONT SUR LE RHIN A KEHL

Paris. — Typographie Hennuyer, rue du Boulevard, 7.

PONT SUR LE RHIN A KEHL

DÉTAILS PRATIQUES

SUR

LES DISPOSITIONS GÉNÉRALES ET D'EXÉCUTION

DE CET OUVRAGE D'ART

PAR

M. ÉMILE VUIGNER

INGÉNIEUR EN CHEF DE LA COMPAGNIE DES CHEMINS DE FER DE L'EST

ET

M. FLEUR SAINT-DENIS

INGÉNIEUR PRINCIPAL DE LA SIXIÈME DIVISION DE CONSTRUCTION

—

TEXTE

PARIS

DUNOD, ÉDITEUR,

SUCCESSEUR DE Vve DALMONT,

Précédemment Carilian-Gœury et Victor Dalmont,

LIBRAIRE DES CORPS IMPÉRIAUX DES PONTS ET CHAUSSÉES ET DES MINES,

Quai des Augustins, 49.

1861

MÉMOIRE

RELATIF

AUX DISPOSITIONS GÉNÉRALES ET D'EXÉCUTION

DU PONT SUR LE RHIN A KEHL.

EXPOSÉ.

L'embranchement de Strasbourg à Kehl et le pont sur le Rhin, qui en était la conséquence indispensable, avaient été concédés à la Compagnie des chemins de fer de l'Est par décret du 20 avril 1854, approuvant une convention du même jour passée entre S. Exc. M. le ministre des travaux publics et MM. les administrateurs, membres du Comité de direction de la même Compagnie. (Voir les deux premières annexes à la suite du présent Mémoire.)

La convention portait, entre autres dispositions, que la Compagnie exécuterait les travaux du chemin de fer et du pont sur le Rhin, dès qu'un traité international à intervenir aurait autorisé l'établissement du pont, ainsi que le raccordement du chemin de fer grand-ducal avec la ligne française, et aurait réglé les conditions de la construction, la répartition de la dépense entre les deux pays, et le péage à percevoir sur la partie destinée à la circulation des voitures, piétons, chevaux, bestiaux, etc.

Par convention en date du 2 juillet 1857, qui fut ratifiée à Carlsruhe le 21, et sanctionnée définitivement par décret impérial du 24 du même mois, l'Empereur des Français et le grand-duc de Bade, considérant que l'établissement d'un pont fixe entre Strasbourg et Kehl était une mesure absolument indispensable pour étendre les relations entre la France et l'Allemagne, et donner aux transports internationaux des chemins de fer respectifs tout le développement qu'ils devaient comporter, décidèrent qu'il y avait lieu de procéder immédiatement à la construction de ce pont, et qu'une Commission mixte spéciale, formée des délégués des deux Etats, se réunirait à Strasbourg, dans le plus bref délai possible, pour fixer et déterminer, sous réserve de la sanction des gouvernements respectifs, les conditions d'établissement dudit pont, etc., etc. (Voir la 3e annexe.)

Cette Commission fut composée peu de temps après :

Du côté de la France, de MM. Mary, inspecteur général des ponts et chaussées ; Guerre, ingénieur en chef des ponts et chaussées, et Foy, lieutenant-colonel du génie ;

Et du côté du grand-duché de Bade, de MM. François Keller, conseiller supérieur des ponts et chaussées ; George Sexauer, conseiller à la direction des chemins de fer, et César Hensel, major d'artillerie.

La Compagnie des chemins de fer de l'Est, de son côté, ne restait pas inactive.

En ma qualité d'ingénieur en chef de la Compagnie, pour toutes les lignes en exploitation et en construction sur le réseau des chemins de fer de l'Est, j'avais été invité à organiser le personnel de l'embranchement de Strasbourg à Kehl et du pont sur le Rhin, et dès le 20 juin 1857 j'avais adressé un rapport dans ce but au Comité de direction.

Les travaux de la ligne de Mulhouse touchant à leur terme, et dans la pensée de ne pas créer un nouveau personnel, j'avais proposé de confier à M. Fleur Saint-Denis, ingénieur principal de la 6e division de construction, l'exécution, sous mes ordres directs, des travaux de l'embranchement de Strasbourg à Kehl, en indiquant qu'il lui serait adjoint ultérieurement une partie du personnel de sa division.

Je présentai en avril 1858 le cadre complet du personnel, en désignant notamment M. Defrance comme chef de section, et M. Joyant comme chef de section adjoint pour les travaux du pont du Rhin.

Ces propositions furent approuvées par le Comité de direction et le Conseil d'administration de la Compagnie : les questions de principe par décision du 24 juin 1857, et l'organisation définitive par décision du 10 juin 1858.

Plus tard, M. de Sappel fut attaché aux mêmes travaux comme ingénieur ordinaire, mais il s'occupa plus particulièrement des travaux de l'embranchement, et, appelé ensuite comme chef de service au chemin de fer de Vincennes, il n'eut pas la possibilité de faire terminer les travaux qu'il avait si bien commencés.

Quelques agents avaient été désignés, dès le mois de septembre 1857, pour être attachés à l'embranchement de Strasbourg à Kehl, et dès cette époque on s'occupa des études nécessaires pour la rédaction du projet définitif de cet embranchement et de ceux du grand pont du Rhin.

MM. les délégués des gouvernements français et badois, composant la Commission mixte instituée conformément aux dispositions de la convention internationale du 2 juillet 1857, eurent une première conférence à Strasbourg en août 1857.

La Compagnie des chemins de fer de l'Est n'était intervenue qu'officieusement dans cette conférence, par l'organe de M. Perdonnet, administrateur, assisté de M. Fleur Saint-Denis, ingénieur principal. (J'avais été désigné pour faire partie des représentants de la Compagnie, mais une indisposition m'avait empêché de me rendre à Strasbourg à cet effet.)

La Commission mixte formula son avis dans le mois de septembre suivant, et une convention formelle basée sur le résultat de ses travaux fut conclue le 16 novembre de la même année, entre le gouvernement français et le gouvernement du grand-duché de Bade, pour régler les conditions d'exécution de l'embranchement de Strasbourg à Kehl et du pont sur le Rhin.

Les ratifications de cet acte n'eurent lieu à Carlsruhe que le 13 juin 1858, et les conditions y énoncées ne furent sanctionnées définitivement que par un décret du 19 dudit mois de juin (4e annexe).

Sans entrer dans les détails des discussions qui eurent lieu au sein de la Commission mixte, il est nécessaire de faire observer que les dispositions générales proposées par elle et adoptées définitivement par les hautes parties contractantes, pour la construction du pont, étaient différentes, sur quelques points, de celles énoncées dans le décret de concession du 20 avril 1854.

Aux termes de l'article 2 de cette convention, en effet, le pont devait être disposé de manière à livrer deux voies pour le passage des trains, et à ouvrir, sur une chaussée empierrée et bordée de trottoirs, une communication entre les deux rives du fleuve pour la circulation des voitures et des piétons ; et d'après la convention définitive du 10 novembre 1857, le pont ne doit porter, en outre des deux voies pour le passage des trains, que des passerelles de 1m,50 de largeur de chaque côté, pour les piétons.

Aux termes de l'article 5 de la convention du 16 novembre 1857, les projets d'exécution et de détail du pont sur le Rhin, dressés sur les bases y énoncées, devaient être concertés entre les ingénieurs francais et badois, et soumis à l'approbation de leurs gouvernements respectifs, de même que le mode et le moyen d'exécution des travaux devaient être concertés entre la Compagnie concessionnaire française et l'administration des travaux publics du grand-duché.

Bien que la convention internationale intervenue entre le gouvernement français et le gouvernement du grand-duché n'ait été ratifiée que le 13 juin 1858, du moment où il a été à peu près certain que cette ratification n'était plus qu'une question de forme, l'administration des travaux publics du grand-duché et la Compagnie concessionnaire française se sont occupées de régler le mode et le moyen d'exécution des travaux.

Une convention, préparée dès le 2 juin 1855 entre les délégués des deux administrations, avait été approuvée définitivement le 26 dudit mois par l'administration supérieure badoise, et le 12 du même mois de juin, par le Conseil d'administration de la Compagnie des chemins de fer de l'Est (5ᵉ annexe).

D'après l'article 1ᵉʳ de cette convention, la Compagnie concessionnaire des chemins de fer de l'Est était chargée de l'exécution des piles et des culées, et à l'administration des ponts et chaussées du grand-duché de Bade était dévolue, par contre, l'exécution de toute la superstructure en fer des deux ponts tournants, ainsi que de celle de la partie fixe.

Aux termes de l'article 3 des mêmes conventions, MM. les ingénieurs de la Compagnie y désignés restèrent chargés de la rédaction des plans, dessins et devis, relatifs à la construction de quatre piles et de deux culées, ainsi que de tous les plans ou indications pour les travaux accessoires et l'exécution du matériel nécessaire, et M. l'ingénieur en chef badois fut chargé de rédiger les plans et devis relatifs à la superstructure du pont.

Nous devions ensuite, M. Keller, M. Fleur Saint-Denis et moi, nous entendre, tant sur nos projets particuliers que sur ce qui concernait les projets d'ensemble du pont, qui devaient être soumis à l'approbation de nos deux administrations, pour être ensuite arrêtés définitivement par les deux gouvernements.

Ces projets d'ensemble et de détail, ainsi concertés et élaborés à l'avance, discutés dans diverses conférences et définitivement signés par nous le 12 août 1858, furent approuvés par nos administrations : le même jour 12 août, par l'administration badoise, et le 19 dudit mois par le Conseil d'administration de la Compagnie des chemins de fer de l'Est.

Ces projets furent adressés, le 21 dudit mois, à S. Exc. M. le ministre de l'agriculture, du commerce et des travaux publics.

Ainsi que je l'indiquai dans une lettre à la Compagnie du 12 août 1858, ces projets étaient divisés en deux parties distinctes, savoir :

La première partie, comprenant les dispositions d'ensemble et de détail pour les fondations et les maçonneries en élévation ;

La seconde partie, comprenant tous les détails des fermes et tablier métalliques des trois travées fixes et des ponts tournants.

Je fis observer aussi alors, entre autres indications sur certaines dispositions d'ensemble et de détail des projets, que la question capitale, dans l'exécution du pont du Rhin, consistait dans les fondations des quatre piles en rivière;

Que plusieurs moyens pouvaient être employés pour ces fondations : le système de tubes en fonte, ou le système de fondations avec caissons en tôle sur lesquels on construit les maçonneries au fur et à mesure qu'ils s'enfoncent;

Et que nous avions proposé l'emploi des caissons en tôle par des motifs sur lesquels je reviendrai ultérieurement.

C'était prendre une très-grande responsabilité que nous n'avions pas hésité, M. Keller et moi, à assumer, en adoptant l'emploi des caissons, dont M. Fleur Saint-Denis avait eu la première idée, et en garantissant l'exécution de ce système, différent de celui indiqué dans la convention internationale précitée.

Le Conseil général des ponts et chaussées, auquel ces projets furent renvoyés pour les examiner et donner son avis d'urgence, nomma pour rapporteur M. Tostain, l'un de ses membres, et je me mis immédiatement à la disposition de cet inspecteur général pour lui donner tous les renseignements et toutes les explications dont il aurait besoin, et répondre aux objections ou observations qu'il pourrait faire.

Dès le 24 août, M. Tostain voulut bien avoir avec moi une conférence à ce sujet, et, après une assez longue discussion, il n'hésita pas à me dire que, d'après mes explications, il n'avait aucune observation à faire sur les projets parfaitement étudiés, selon lui, et que l'approbation de ces projets par le Conseil général des ponts et chaussées aurait lieu sans aucune espèce de difficulté.

L'avis favorable du Conseil général ne se fit pas attendre, car il adopta les conclusions du rapport de M. l'inspecteur général Tostain, dans sa séance du 26 dudit mois d'août.

M. Tostain, comme le Conseil général des ponts et chaussées, du reste, tout en donnant un avis favorable pour l'approbation des projets d'ensemble et de détail du pont du Rhin, ne se prononcèrent pas d'une manière absolue relativement au système proposé pour les fondations des piles en rivière. Ils indiquèrent que les fondations exécutées dans ce système présenteraient toutes garanties si l'on réussissait, mais qu'il fallait réussir, et qu'il n'y avait à cet égard qu'une question à se faire : les caissons descendront-ils convenablement?

Toute la responsabilité était donc laissée aux auteurs du projet.

Le Conseil général des ponts et chaussées exprima, d'un autre côté, dans son avis approbatif, qu'il y avait à faire une réserve relativement aux clochetons projetés pour être placés sur chaque pile.

S. Exc. M. le Ministre de l'agriculture, du commerce et des travaux publics fit cette réserve dans sa décision approbative des projets, en date du 7 septembre 1858 (6e annexe).

Son Excellence fit observer toutefois, dans une lettre du 25 du même mois, que, la solidité du pont n'étant pas intéressée dans la question des clochetons, il fallait considérer la disposition contenue dans la décision du 7, non comme une prescription, mais comme une observation, à laquelle on devrait avoir tel égard que les circonstances le permettraient.

L'administration des ponts et chaussées du grand-duché de Bade fit, du reste, des observations dans le même sens, et bien qu'ayant indiqué dans le mois d'octobre que les projets du pont du Rhin pouvaient être considérés comme approuvés par elle, le directeur des ponts et chaussées du grand-duché notifia le 30 décembre 1858 seulement, à la Compagnie des chemins de fer de l'Est, l'approbation, par son gouvernement, de ces projets, tels qu'ils avaient été arrêtés, le 12 août de la même année, entre les ingénieurs des deux pays, sous la réserve toutefois des clochetons et des couronnements des piles (7e annexe).

Les projets des clochetons et des couronnements des piles et culées furent approuvés ultérieurement, de telle sorte, en résumé, que toutes les dispositions d'ensemble et de détail ont été approuvées définitivement par les administrations et les gouvernements respectifs, telles qu'elles avaient été dressées et présentées par nous.

Une campagne aurait été perdue, si nous avions attendu que toutes les formalités administratives eussent été remplies, avant de prendre des dispositions pour commencer les travaux préparatoires et arriver à l'exécution des travaux définitifs.

Aussi, dès la fin du mois de juin 1858, et dans le mois de juillet suivant, des soumissions furent demandées à divers entrepreneurs, d'une part, pour l'exécution du pont de service, des vannages et autres ouvrages de charpenterie; et, d'autre part, pour l'exécution des maçonneries et travaux accessoires du pont définitif.

Le Conseil d'administration de la Compagnie des chemins de fer de l'Est avait approuvé, sur ma proposition, dans sa séance du 29 juillet 1858, le projet de traité à passer avec MM. Goerner fils, André et Bertherand, pour l'exécution du pont de service, des vannages, etc., et, dans sa séance du 19 août suivant, il approuva la soumission de MM. Wenger et Ce, pour l'exécution des travaux de terrassement et de maçonnerie du pont définitif.

L'approbation de ces traités par le gouvernement du grand-duché de Bade ne fut notifiée à la Compagnie que le 30 octobre 1858 ; mais comme il ne pouvait pas y avoir de difficultés sur cette approbation, d'après les correspondances échangées, je donnai l'ordre de commencer les travaux dès le 28 août 1858, aussitôt que j'eus la certitude que les projets d'ensemble et de détail auraient l'approbation des gouvernements français et badois.

J'avais appris officieusement, du reste, à l'administration supérieure française des ponts et chaussées et des chemins de fer, qu'il n'y avait aucun inconvénient à agir ainsi pour éviter toute perte de temps, et, d'un autre côté, je n'avais fait en cela que satisfaire aux désirs du Conseil d'administration de la Compagnie.

Il fut entendu ultérieurement que le marché passé avec MM. Wenger s'étendrait à la confection des caissons en fer et de toutes leurs dépendances, et que l'établissement des coffrages en bois au-dessus des caissons en fer ferait partie du marché passé avec MM. Gœrner, André et Bertherand, qui seraient chargés directement de leur exécution.

La Compagnie est intervenue, toutefois, pour obtenir aux conditions les plus avantageuses la fourniture des tôles et fer nécessaires à l'exécution des caissons, de leurs cheminées et des sas à air, et pour faire établir ces divers appareils, dont l'exécution fut confiée en majeure partie à l'usine de Graffenstaden, près de Strasbourg, appartenant à M. le baron Alfred Renouard de Bussières et dirigée par M. Mesmer.

Des traités spéciaux furent faits ensuite pour la fourniture des machines soufflantes, et des autres machines ou appareils nécessaires pour l'exécution des travaux.

Le fonctionnement de ces machines et de ces appareils, et leur maintien en bon état, devaient exiger la présence sur les chantiers d'un homme spécial, chargé de surveiller les mécaniciens et autres ouvriers, et de diriger les travaux de l'atelier de réparation qu'il était nécessaire d'installer sur les lieux mêmes.

M. Sauvage, alors ingénieur en chef du matériel et de la traction, a bien voulu mettre à notre disposition transitoirement, à cet effet, M. Maréchal, inspecteur du matériel, et assurer par son intermédiaire la fourniture de toutes les matières nécessaires pour ce service.

Une décision du Comité de direction, en date du 29 novembre 1858, avait sanctionné la nomination de M. Maréchal pour ces fonctions provisoires.

MM. Castor et Jaquelot, qui avaient exécuté d'abord, pour le compte de MM. Wenger, les dragages nécessaires dans le lit du fleuve, et qui avaient utilisé pour ces travaux les appareils dont ils s'étaient servis sur la ligne de Mulhouse pour extraire des graviers dans la Saône, furent chargés ensuite de monter dans les cheminées de service, pour l'enlèvement des graviers à extraire de l'intérieur des caissons, des norias ou dragues verticales, avec les machines à vapeur nécessaires pour les faire marcher.

Ces travaux devaient être continués en régie; mais on jugea préférable de les faire exécuter à forfait, et il fut passé avec MM. Castor et Jaquelot, d'accord avec l'administration badoise, un traité aux termes duquel ces entrepreneurs furent chargés, pour un prix déterminé par mètre cube, de l'extraction des déblais dans l'intérieur des caissons; ce prix comprenait les déblais dans l'air comprimé, l'enlèvement à la drague, le transport hors de l'enceinte de chaque pile sur les points à indiquer en cours d'exécution, la fourniture, la pose et la dépose de tout le matériel nécessaire à l'extraction et aux transports, ainsi que tous les frais de main-d'œuvre et d'outils divers nécessités par l'exécution desdits travaux, et même la main-d'œuvre nécessaire pour guider la descente des caissons au moyen de verrins et allonger les chaînes de suspension pendant l'opération du fonçage.

De son côté, l'administration supérieure des ponts et chaussées et des travaux des chemins de fer du grand-duché de Bade ne restait pas inactive.

M. Baër, le directeur de cette administration, avait fait nommer, pour être attaché aux travaux du pont sur le Rhin, en résidence à

Kehl, M. le baron de Kageneck, ingénieur ordinaire des ponts et chaussées, qui devait faire exécuter, sous la direction et sous les ordres de M. l'ingénieur en chef Keller, les travaux de superstructure.

Cet ingénieur en chef, mon collègue, avait fait préparer tous les éléments nécessaires pour la mise en adjudication des travaux de la superstructure, et, le 2 juillet 1859, M. Baër adressait à la Compagnie des chemins de fer de l'Est les deux traités relatifs à ces travaux passés, savoir :

1° avec MM. Benckiser frères, constructeurs de machines à Pforzheim, les 2 avril et 27 mai 1859, pour les parties fixes du pont;

2° Avec l'usine de Graffenstaden, les 9 avril et 1er juin de la même année, pour les deux ponts tournants.

Ces traités furent sanctionnés immédiatement par le Comité de direction et le Conseil d'administration de la Compagnie des chemins de fer de l'Est.

Je dois mentionner pour ordre que les divers projets et marchés relatifs à la construction du pont du Rhin, que je présentais, étaient approuvés par le Comité de direction et le Conseil d'administration de la Compagnie des chemins de fer de l'Est, sur la proposition d'abord de M. Perdonnet, et ensuite de MM. Baude et Perdonnet, membres du Comité de direction, chargés du service de la troisième division, avec qui je les discutais d'abord[1].

[1] Le Conseil d'administration était composé, en juillet 1859, comme suit, savoir :

MM. Ségur (le comte de), président; Galliera (le duc de), vice-président.

Administrateurs français. — MM. Baignères, Blaque-Belair, Chevandier, Dolfus-Mieg, Davillier (Henri), Dubochet, d'Eichthal, Fol, George, Hainguerlot, Jayr, Marcuard, Perdonnet, Pereire (Emile), Rothschild (le baron de), Rothschild (le baron Alphonse de), Roux, Touchard, Renouard de Bussières (le baron de).

Administrateurs anglais. — MM. Humphry, Wueguelin, Morrison.

M. Blaque-Belair est décédé en avril 1860 ; il a été remplacé plus tard par M. Eugène Pereire.

Le Comité de direction était composé, à la même époque, des administrateurs ci-après, pris dans les membres du Conseil :

MM. Ségur (le comte de), Galliera (le duc de), Baignères, George, Jayr, Perdonnet, Roux.

M. Baude avait pris, en mars 1859, dans le Comité de direction, la place de M. Jayr, qui a continué toutefois à faire partie du Conseil d'administration.

M. Roux a été remplacé enfin dans le Comité, en février 1861, par M. Eugène Pereire.

L'ordre de commencer les travaux ayant été donné dès le 28 août 1858, les divers entrepreneurs prirent immédiatement les mesures nécessaires pour faire leurs approvisionnements et pour se mettre à l'œuvre dans le plus bref délai possible.

M. Migneret, préfet du département du Bas-Rhin, dont le concours a toujours été très-utile à la Compagnie, pour les mesures administratives relatives à l'exécution de ces travaux, a bien voulu prendre, au fur et à mesure des demandes qui lui étaient adressées, les arrêtés préfectoraux autorisant l'occupation des terrains nécessaires pour l'organisation des chantiers; et, conformément à une délibération spéciale du Conseil municipal de la ville de Strasbourg, M. Coulaux, maire de cette ville, a fait mettre dans le même but, à la disposition de la Compagnie, les terrains qu'elle possédait dans l'île des Epis.

M. Guerre, ingénieur en chef du département du Bas-Rhin, qui avait été chargé du service du contrôle de construction de l'embranchement de Strasbourg à Kehl et du pont sur le Rhin, en ce qui concernait l'administration française, s'est toujours empressé, ainsi que M. l'ingénieur ordinaire Dubuisson, son adjoint dans ce service, de donner les avis qui leur étaient demandés, pour que les travaux ne fussent aucunement entravés et qu'ils pussent marcher avec toute l'activité nécessaire.

Les travaux du pont de service, des vannages entourant la pile française et des plates-formes la recouvrant furent attaqués d'abord; les approvisionnements nécessaires pour l'exécution des maçonneries arrivèrent bientôt à pied d'œuvre; les caissons de fondation, avec toutes leurs dépendances, furent mis en chantier; des machines soufflantes pour comprimer l'air dans ces caissons furent installées sur des bateaux; des appareils de dragage et des grues roulantes furent montés plus tard sur la plate-forme à ce destinée, et dès les premiers jours du mois de février, toutes les dispositions étaient prises pour exécuter les travaux de fondation de la pile-culée de la rive française.

Le fonçage des caissons de cette pile-culée, commencé le 22 mars 1859, fut terminé le 28 mai suivant; pendant la durée de ce travail, on s'occupait des dispositions préparatoires pour la pile-culée de la rive badoise, et l'on put y attaquer le fonçage des caissons le 9 août, et le mettre à fin le 13 septembre.

La même opération, commencée le 16 octobre pour la pile intermédiaire de la rive française, fut terminée le 16 novembre, et enfin cette opération fut exécutée du 26 novembre au 24 décembre suivant pour la pile intermédiaire de la rive badoise.

Les maçonneries en élévation des piles-culées et des piles intermédiaires furent commencées, pour chacune d'elles, au fur et à mesure de l'achèvement de leur fondation, et elles furent complétées ensuite successivement.

Les fondations et les maçonneries en élévation des culées et de leurs dépendances furent attaquées aussi successivement.

Ces travaux étaient assez avancés en août 1860 pour que l'administration des ponts et chaussées du grand-duché de Bade pût donner l'ordre, au gérant de l'usine de Graffenstaden, de procéder à la mise en place du pivot et des galets du pont tournant de la rive française.

Les diverses pièces des ponts tournants étaient transportées à pied d'œuvre à la même époque, et l'on pouvait déjà s'occuper de leur montage, pour n'avoir qu'à mettre ces ponts en place, aussitôt après l'établissement des fermes et tablier métalliques des trois grandes travées intermédiaires.

Ces fermes et tablier métalliques, formant la partie fixe du pont, étaient aussi en confection sur la plate-forme qui avait été disposée à cet effet sur la rive gauche du fleuve; toutes les dispositions avaient été prises par M. l'ingénieur en chef Keller, M. l'ingénieur ordinaire de Kageneck et MM. les entrepreneurs Benckiser, pour que ces fermes et tablier fussent terminés en temps opportun et qu'on pût les mettre en place aussitôt que les piles en rivière seraient prêtes à les recevoir, et que le pivot du pont tournant de la rive française serait en place, ainsi que le chemin de fer circulaire sur lequel devait avoir lieu la rotation des galets de support de toute la masse mobile.

Les fermes et tablier métalliques étaient dans un état d'avancement tel, qu'on eut la possibilité de les mettre en place du 8 au 22 septembre 1860; leur complet achèvement ne s'opéra que successivement ensuite; il en fut de même des deux ponts tournants, qui n'étaient pas complétement terminés lorsqu'ils furent placés sur leurs pivots et leurs galets.

L'administration des ponts et chaussées du grand-duché de Bade, chargée, ainsi que nous l'avons indiqué déjà, de l'exécution des travaux de superstructure du pont, s'est entendue avec la Compagnie des chemins de fer de l'Est, à laquelle était échue l'exécution des maçonneries et dépendances des piles et culées, pour faire placer immédiatement au-dessous du couronnement des piles-culées deux pierres monolithes en granit, l'une du côté ouest de la pile-culée de la rive française, et l'autre du côté est de la pile-culée de la rive badoise, sur lesquelles ont été gravées des inscriptions commémoratives de leur coopération dans l'exécution des travaux du pont du Rhin à Kehl.

Ces inscriptions sont libellées ainsi qu'il suit :

DU COTÉ DE LA FRANCE.

L'AN MDCCCLIX, SOUS LE RÈGNE DE S. M. NAPOLÉON III, EMPEREUR DES FRANÇAIS.
S. EXC. Mr ROUHER, ÉTANT MINISTRE DES TRAVAUX PUBLICS, Mr MIGNERET, PRÉFET DU BAS-RHIN.
LES PILES ET CULÉES ONT ÉTÉ EXÉCUTÉES PAR LA COMPAGNIE DES CHEMINS DE FER DE L'EST.
M^r LE COMTE DE SÉGUR, PRÉSIDENT DU CONSEIL D'ADM^on,
MM^rs BAIGNÈRES, BAUDE, DUC DE GALLIERA, GEORGES, PERDONNET, ROUX, ADMINISTRAT^rs, MEMBRES DU COMITÉ DE DIRECTION.
VUIGNER, ING^r EN CHEF; FLEUR St-DENIS, ING^r PP^al; DE SAPPEL, ING^r ORD^re; DEFRANCE, JOYANT, CHEFS DE S^on; MARECHAL, INSP^r DU M^el.

DU COTÉ DU GRAND-DUCHÉ.

IM JAHR MDCCCLX WURDE DER EISERNE OBERBAU DIESER BRÜCKE UNTER DER REGIERUNG
Sr KONIGL. HOHEIT DES GROSSHERZOGS FRIEDERICH VON BADEN,
WÄHREND DER VERWALTUNG S^r EXC. DES STAATS MINISTERS VON MEYSENBUG AUSGEFÜRT
DURCH DIE GROSSE OBERDIRECT^n DES WASSER UND STRASSENBAUES : BAER DIRECTOR, KELLER OBERBAURATH,
UND DIE GR. W. U. ST. BAUINSP^n OFFENBURG : FÖHRENBACH OBERING^r, VON KAGENECK ING^r.

Ces travaux ont été incessamment visités, pendant leur exécution, par un grand nombre de notabilités administratives, financières et industrielles, et d'ingénieurs français et étrangers.

En allant à Bade, au mois de juin 1860, l'empereur Napoléon III a bien voulu descendre à Kehl pour se rendre compte de l'état d'avancement du pont du Rhin. Sa Majesté en a examiné tous les travaux avec la plus grande attention, et elle a daigné témoigner à MM. les ingénieurs français et badois, qui l'accompagnaient dans cette visite, toute sa satisfaction pour les résultats obtenus déjà à cette époque.

Après les explications que j'ai été appelé à donner à l'Empereur et sur le système de fondations et sur les dispositions prises pour la continuation des travaux, Sa Majesté est restée convaincue que le pont aurait toute la solidité désirable, et que les trains pourraient y circuler dans les premiers jours du printemps de l'année suivante.

Ces prévisions ont été réalisées; les travaux complémentaires ont été exécutés avec une très-grande activité pendant l'hiver, malgré toutes les intempéries de cette mauvaise saison, et l'administration supérieure des ponts et chaussées du Grand-Duché étant arrivée au terme de ses travaux, M. le directeur Baër écrivait, le 28 février 1861, pour nous inviter à assister à des expériences qu'il comptait faire exécuter sur les parties fixes du tablier métallique et sur les deux travées mobiles.

Il ne pouvait y avoir à examiner que des questions techniques. Aussi M. Baër, qui avait pris l'initiative de ces expériences, n'avait-il convié pour y assister que des ingénieurs et industriels des deux gouvernements, les administrateurs et chefs de service de la Compagnie des chemins de fer de l'Est, et les entrepreneurs qui avaient concouru à l'exécution des travaux.

Ces expériences, dont il sera rendu ultérieurement un compte détaillé, étant terminées, M. Baër a réuni sur les lieux mêmes, à Kehl, tous les invités dans une fête de famille, où lui d'abord, et M. Perdonnet ensuite, ont, au nom de leurs administrations respectives, adressé les plus vives félicitations à MM. les ingénieurs français et allemands, et à tous leurs collaborateurs, d'avoir mis à fin une œuvre aussi gigantesque, en moins de deux années et demie, en constatant la bonne harmonie et l'entente cordiale qui n'avait pas cessé de régner entre eux, comme entre les deux administrations, et avec MM. les ingénieurs du service du contrôle.

MM. les ingénieurs du service de la navigation du Rhin ont eu leur part dans ces félicitations, car il est certain que, sans les immenses travaux qu'ils ont exécutés depuis une dizaine d'années, pour l'endiguement du lit du fleuve, l'établissement du pont du chemin de fer à Kehl eût éprouvé beaucoup plus de difficultés.

Ces expériences premières ne pouvaient être que provisoires; aux termes de la décision ministérielle, en date du 7 septembre 1858, approbative des projets de détails présentés par la Compagnie des chemins de fer de l'Est, de concert avec l'administration des ponts et chaussées, le pont sur le Rhin devait, après son exécution, et avant la mise en exploitation du chemin de fer, être soumis aux épreuves déterminées par la circulaire ministérielle du 26 février de la même année; l'administration supérieure des ponts et chaussées du grand-duché de Bade avait adhéré de son côté à cette réserve.

Les administrations supérieures française et badoise s'entendirent pour la nomination des membres d'une Commission internationale chargée de faire ces épreuves officielles, et, le 21 mars, S. Exc. M. le ministre de l'agriculture, du commerce et des travaux publics du gouvernement français, écrivit à la Compagnie des chemins de fer de l'Est pour la prévenir, savoir :

Qu'il avait désigné MM. Morice de la Rue, inspecteur général des ponts et chaussées, Guerre, ingénieur en chef des ponts et chaussées, et Couche, ingénieur en chef des mines, pour représenter l'administration française dans le sein de cette Commission;

Que le gouvernement badois avait choisi de son côté, pour ses délégués, MM. Sauerbeck, Keller et Sexauer, membres de l'administration supérieure des ponts et chaussées du Grand-Duché ;

Et que, le cabinet de Carlsruhe ayant exprimé le désir que le jour de la réunion de la Commission fût fixé par l'administration française, il avait décidé que cette réunion aurait lieu le mercredi 27 du mois de mars.

Je fus désigné moi-même par la Compagnie pour la représenter pendant les opérations de la Commission internationale.

Ce n'est pas ici le moment de rendre compte du résultat des expériences qui ont été faites, conformément aux prescriptions de la décision ministérielle du 7 septembre 1858, et dont nous ferons l'objet d'un article spécial.

Nous devons nous borner à indiquer que le procès-verbal, qui en a été dressé par la Commission internationale, a constaté la parfaite solidité des ouvrages, et que, sur le vu de ce procès-verbal, S. Exc. M. le ministre de l'agriculture, du commerce et des travaux publics de France s'est empressé d'autoriser, en ce qui le concernait, par décision du 8 avril 1861, la mise en exploitation de l'embranchement de Strasbourg à Kehl et du pont sur le Rhin, qui en est le complément immédiat.

M. Sauvage, directeur de la Compagnie des chemins de fer de l'Est, et M. Jacqmin, directeur de l'exploitation, ont pu s'entendre alors avec M. Ziemer, directeur général des chemins de fer, postes et télégraphes du Grand-Duché, pour discuter et préparer les règlements, en ce qui les concernait, du mouvement des trains et des tarifs pour la circulation des voyageurs et des marchandises. Ces règlements ont reçu ensuite la sanction des deux administrations et de leurs gouvernements respectifs.

L'inauguration de l'embranchement de Strasbourg à Kehl et du pont sur le Rhin a eu lieu le 11 avril, en présence d'un grand nombre de notabilités financières, industrielles, scientifiques et artistiques de tous les pays, qui avaient été conviées à cette fête, offerte par l'administration supérieure du grand-duché de Bade et par l'administration de la Compagnie des chemins de fer de l'Est.

A la grande satisfaction des populations allemande et française, enfin, le public a été admis à circuler sur ces nouvelles voies de communication à partir du 11 mai 1861.

Ainsi s'est opéré, à Strasbourg et à Kehl, le raccordement des voies ferrées françaises et allemandes, qui ouvre le chemin le plus direct et sans solution de continuité de Paris à Vienne, et jusqu'aux frontières de l'Empire Ottoman par la Hongrie.

Il appartient à d'autres de discuter l'importance considérable de ce trait-d'union entre la France et l'Allemagne, pour les relations commerciales entre tous les pays de l'Europe et même d'une partie de l'Asie.

Quant à nous, ingénieurs français, qui avions engagé complétement notre responsabilité dans les travaux du pont sur le Rhin à Kehl, il nous tardait de rendre compte de ce que nous avons fait, des difficultés que nous n'avons pas craint d'affronter, et des résultats que nous avons été assez heureux d'obtenir dans un laps de temps assez limité et sans aucun accident.

M. Fleur Saint-Denis a fait établir tous les dessins avec les notes nécessaires pour leur explication; j'ai fait faire les gravures des planches et je me suis chargé, en outre, de la rédaction de cet exposé et du mémoire relatif aux détails pratiques sur les dispositions générales et d'exécution de cet ouvrage d'art, mémoire que j'ai divisé en cinq chapitres.

Le chapitre Ier comprendra l'indication des bases principales du projet, les dispositions générales relatives à l'exécution des travaux, au pont de service et aux échafaudages.

Dans le chapitre II, je donnerai les détails relatifs à la construction des piles en rivière.

Dans le chapitre III, je parlerai des travaux des culées et de leurs dépendances.

Le chapitre IV comprendra l'indication sommaire des travaux de superstructure, et du résultat des expériences faites pour en constater la solidité.

Et dans le chapitre V, enfin, je traiterai la question des dépenses dans leur ensemble et dans leurs détails.

E. VUIGNER.

PONT SUR LE RHIN A KEHL.

CHAPITRE I.

BASES PRINCIPALES DES PROJETS, DISPOSITIONS GÉNÉRALES RELATIVES A L'EXÉCUTION DES TRAVAUX, PONT DE SERVICE, ÉCHAFAUDAGES.

§ 1. — Bases principales des projets.

Aux termes de l'article 3 du traité international intervenu entre le gouvernement impérial français et le gouvernement royal du grand-duché de Bade, le pont sur le grand Rhin à Kehl devait être construit à 100 mètres environ en aval du pont de bateaux existant dans cette localité.

Les bases principales des projets avaient été déterminées comme suit, savoir :

« Le pont aura deux voies et portera, de chaque côté, des passe-« relles de $1^m,50$ de largeur, pour piétons.

« La longueur du pont, entre les deux culées, sera de 235 mètres.

« Le pont se composera d'une partie fixe, au milieu, et de deux « travées mobiles aux extrémités, devant les culées de chaque rive.

« La partie fixe sera un pont à treillis en fer, et formera trois « travées égales, de chacune 56 mètres, dont le tablier sera sup-« porté par trois poutres.

« Les deux piles du milieu seront composées de tubes en fonte, et

« les deux piles extrêmes, servant en même temps de support pour « les travées mobiles, seront construites en maçonnerie.

« Les travées mobiles, formées de poutres en tôle pleine, seront « des ponts tournants, dont le pivot et le mécanisme nécessaires à « la manœuvre reposeront sur les culées en maçonnerie.

« La largeur de chacune des passes navigables, sous les travées mo- « biles, sera de 26 mètres.

« Chaque pile intermédiaire des travées fixes sera composée de trois « tubes en fonte, de 3 mètres de diamètre, ce qui leur suppose une « largeur de 3 mètres et une longueur de 12 mètres environ.

« Les deux piles extrêmes, en maçonnerie, auront une épaisseur « de 4^{m},50, et une longueur de 21 mètres chacune environ.

« L'épaisseur des piles, ainsi que les ouvertures libres du pont, « seront mesurées au-dessous des corniches des piles ou culées.

« Les tubes en fonte, pieux en chêne, etc., pour les fondations des « piles, descendront au moins à 15 mètres au-dessous des plus basses « eaux, et pour celles des culées, au moins à 12 mètres de profon- « deur en contre-bas des plus basses eaux connues.

« La maçonnerie des piles et culées prendra naissance à 2 mètres « au moins au-dessous du niveau des plus basses eaux.

« Les fondations des piles intermédiaires en fonte seront protégées « par deux brise-glaces en chêne, placés à distance convenable en « amont. »

Les projets définitifs d'ensemble et de détail, arrêtés par les ingénieurs des administrations française et badoise, le 12 août 1858, ont été dressés d'après ces bases générales, à l'exception des fondations des quatre piles en rivière, pour l'exécution desquelles il a été proposé et admis un système particulier, dont il est nécessaire de dire quelques mots immédiatement.

D'après les prescriptions du traité international, avons-nous dit, les piles extrêmes devaient être exécutées en maçonnerie jusqu'à 2 mètres en contre-bas de l'étiage; les piles intermédiaires devaient être formées de trois tubes en fonte, de 3 mètres de diamètre, et les fondations de ces piles devaient être descendues à 15 mètres au moins en contre-bas des plus basses eaux connues.

En discutant la question relative aux fondations des piles intermédiaires, nous avons reconnu que l'emploi des tubes en fonte, de 3 mètres de diamètre, pour les fondations et l'élévation des piles intermédiaires, présenterait dans l'espèce des inconvénients très-graves.

Et d'abord, au point de vue de l'ornementation, il nous a paru que les piles intermédiaires, dont on ne verrait en élévation au-dessus des eaux du fleuve que les tubes en fonte de 3 mètres de diamètre, auraient un aspect très-maigre et très-disgracieux, par rapport aux piles extrêmes construites en maçonnerie et présentant en élévation au-dessus des eaux un massif de 21 mètres de longueur sur 4m,50 de largeur, avec couronnement et corniche en pierre de taille; nous avons pensé qu'il y aurait beaucoup plus d'harmonie dans l'ensemble de l'ouvrage, si les piles intermédiaires étaient construites en élévation dans le même système que les piles extrêmes.

Nous avons reconnu unanimement aussi, d'un autre côté, que le système tubulaire pourrait présenter, dans l'espèce, de grandes difficultés et qu'il résulterait de son emploi une perte de temps assez considérable, pour qu'il ne fût pas possible d'exécuter les travaux dans le délai prescrit par la convention internationale.

Les ingénieurs qui se sont occupés de fondations tubulaires savent, en effet, combien il y a de difficultés à enfoncer des tubes en fonte de 3 mètres de diamètre, et combien ces difficultés augmentent selon la nature des terrains à traverser.

Il arrive parfois que, quel que soit le poids additionnel dont on les charge, et bien que leur surface extérieure soit parfaitement lisse, les tubes s'enfoncent à peine par suite des frottements exercés sur leurs parois par les terrains traversés.

Dans ces circonstances, même, un enfoncement subit de plus de 1 mètre succède quelquefois à un *statu quo* opiniâtre pendant un certain laps de temps.

Souvent aussi il arrive que des tubes ont des mouvements de soulèvement de plus de 2 mètres, ou qu'en opérant l'enfoncement d'un tube on dérange ceux déjà en place.

D'un autre côté, l'expérience avait appris que, dans le système de fondation tubulaire, les tubes d'une pile ne pouvaient être enfoncés que successivement; de plus, comme il n'y a pour chaque tube qu'une seule cheminée à air avec une écluse qu'il faut manœuvrer pour chaque passage d'ouvriers ou de matériaux de déblais et de construction, et démonter au fur et à mesure d'addition d'anneau à la cheminée, il en résulte une perte de temps considérable.

Nous avons pensé que, si ces difficultés et ces inconvénients avaient eu lieu lorsqu'il s'était agi d'enfoncer des tubes à une profondeur de 10 mètres à 12 mètres, dans une eau tranquille comme la Saône, par exemple, *à fortiori* en devait-il être ainsi pour atteindre une profondeur de 15 à 20 mètres, dans un fleuve à courant rapide comme le Rhin, sujet à des crues torrentielles et dont le lit est assez mobile pour qu'il s'y fasse des affouillements de plus de 15 mètres de profondeur.

Dans l'espèce, il eût fallu plus de deux campagnes pour opérer l'enfoncement des tubes devant composer les piles intermédiaires, attendu que le régime à maintenir dans les eaux du Rhin n'aurait pas permis de travailler aux deux piles en même temps.

Ces diverses considérations ont dû nous faire rechercher si l'on ne pourrait pas employer, pour les fondations des piles intermédiaires, un autre système plus simple et exigeant moins de temps dans l'exécution.

M. Fleur-Saint-Denis, ingénieur principal à Strasbourg, avait eu d'abord la pensée d'employer un caisson en tôle fermé sur les parois latérales et à la surface supérieure, garni d'une grande cheminée de service et de deux cheminées à air; de faire exécuter les maçonneries au-dessus de ce caisson au fur et à mesure qu'il s'enfoncerait; et de le remplir de maçonnerie, lorsqu'il serait descendu à la profondeur déterminée, le sol devant être déblayé au-dessous et dans l'intérieur du caisson pour déterminer l'enfoncement, et les produits de ces déblais devant être enlevés au moyen de bennes manœuvrées dans la grande cheminée de service.

M. le baron de Weiler, ingénieur en chef de l'administration des ponts et chaussées du grand-duché de Bade, avait eu la même pensée pour les fondations d'un pont sur le Rhin, entre Manheim et Ludwigshafen; il vint à Strasbourg, en mars 1858, et communiqua un projet à M. Guerre, ingénieur en chef des ponts et chaussées, chargé du contrôle du service de construction de l'embranchement de Kehl; enfin il fit, accompagné de cet ingénieur en chef, les mêmes communications à M. Fleur-Saint-Denis, qui alors déjà avait fait faire des dessins dans le système ci-dessus indiqué.

M. le baron de Weiler adressa même directement, le 23 mars suivant, à M. le comte de Ségur, président du Conseil d'administration de la Compagnie des chemins de fer de l'Est, une lettre avec des dessins à l'appui, dans laquelle il expliquait le système qu'il proposerait d'employer, système qui se rapprochait, dans son ensemble, des dispositions de celui étudié par M. Fleur-Saint-Denis, mais qui en différait notablement, toutefois, dans plusieurs détails essentiels, comme M. Guerre l'avait fait observer lui-même dans une lettre en date du 1er avril 1858.

Des ingénieurs distingués ont indiqué depuis que c'était l'application, sur une grande échelle, d'un système dont un ingénieur français, M. Triger, avait eu l'idée, qu'il avait employé dans le fonçage des puits de mines, et qui avait fait décerner à son auteur, en 1853, le grand prix de mécanique de l'Institut impérial. Pour avoir une opinion exacte à cet égard, il est nécessaire d'indiquer en quoi consistaient les appareils de M. Triger, et où en était, au commencement de 1858, le système de fondation tubulaire.

L'origine de ce système de fondation paraît bien remonter aux travaux de M. Triger, qui en a rendu compte à l'Académie des sciences, dans la séance du 2 novembre 1841, en constatant le résultat qu'il avait obtenu, par l'emploi de l'air comprimé, pour ouvrir un puits de mine au milieu du lit de la Loire, près de Chalonnes (département de Maine-et-Loire).

Il s'agissait, pour arriver au terrain houiller, dont on avait reconnu depuis longtemps l'existence dans cette localité, de traverser une couche de gravier tellement perméable, qu'on n'avait jamais pu songer à essayer le procédé ordinaire d'épuisement.

Après avoir enfoncé à coups de mouton jusqu'au terrain solide un tube en tôle de $1^m,033$ de diamètre sur 20 mètres de longueur, et de l'intérieur duquel il avait extrait le gravier au moyen d'une soupape à boulet, M. Triger installa à la partie supérieure de ce tube un sas à air; il chassa l'eau qui s'y trouvait, en y comprimant l'air, et put établir à sec le cuvelage de son puits dans le terrain imperméable.

Dans une autre séance du 17 février 1845, M. Triger annonça qu'il exécutait avec un plein succès, dans le même système, un nouveau puits de $1^m,80$ de diamètre, et il donna l'indication de diverses applications possibles de son procédé, notamment pour les fondations des piles de ponts en rivière.

Ce ne fut, toutefois, qu'en 1851, que le procédé de M. Triger eut une première application pour les fondations des ponts, et elle eut lieu en Angleterre pour la reconstruction du pont de Rochester.

Les tubes en fonte, sur lesquels reposent les piles de ce pont, devaient être enfoncés au moyen du vide, système imaginé par le docteur Pott, et employé en Angleterre dans diverses circonstances; mais des obstacles déterminés par l'existence d'anciennes maçonneries firent renoncer à ce procédé, et ce fut alors que l'ingénieur, M. Hughes, eut l'idée de surmonter les tubes de sas à air, semblables à ceux de M. Triger, et de faire travailler les ouvriers à l'enlèvement des déblais au fond des tubes dans lesquels l'air avait été comprimé.

Les appareils dont on s'était servi à Rochester furent employés peu d'années après pour les fondations de piles de ponts sur la Saône, à Mâcon et à Lyon.

Enfin, en 1855, Brunel imagina de fonder la pile intermédiaire du grand pont de Saltash, près de Plymouth, en immergeant, sur un fond de rocher couvert de vase, un grand caisson annulaire à air comprimé surmonté d'un tube étanche. Après avoir construit dans ce caisson les maçonneries destinées à empêcher l'entrée de l'eau, on put épuiser, retirer la calotte du caisson, continuer les maçonneries à sec jusqu'au niveau de l'eau, et finir par enlever le tube qui surmontait le caisson.

Les procédés employés pour les fondations du pont de Rochester et des ponts sur la Saône constituent évidemment le système des fondations tubulaires et peuvent être considérés comme une application perfectionnée du système de M. Triger. C'étaient, du reste, les procédés dont on eût pu se servir au pont du Rhin, d'après la convention internationale, et dont l'application eût présenté, dans l'espèce, des inconvénients très-graves, comme nous l'avons expliqué plus haut.

Brunel a amélioré encore le système dans son application aux fondations d'une pile du pont de Saltash; mais il y a loin de là encore au système de caisson surmonté de chambres à air et de cheminée de service, sur lequel on maçonne à sec, au fur et à mesure de son enfoncement; le caractère et les principaux avantages de ce perfectionnement peuvent être résumés comme suit :

Dans le système de fondations tubulaires, il est nécessaire, pour empêcher les tubes de se soulever, lorsqu'ils sont à une assez grande profondeur, de les charger de très-forts contre-poids, qu'il faut enlever ensuite. — Cet inconvénient grave n'existe pas dans le système nouveau, puisque la maçonnerie, exécutée au-dessus du caisson au fur et à mesure qu'il s'enfonce, forme naturellement cette surcharge, qui devient permanente et utile.

Par suite de l'exécution de ces maçonneries, pendant la descente du caisson, la pile est fondée dans les meilleures conditions de solidité possibles, lorsque le caisson est descendu à la profondeur voulue.

La grande cheminée de service, qui traverse le caisson, étant disposée pour que les eaux s'y maintiennent au niveau du fleuve, on peut y opérer incessamment et sans éclusage l'enlèvement des produits de dragage.

On peut donc dire avec raison que les fondations du pont du Rhin ont rendu à l'invention de M. Triger le caractère français que lui avait fait perdre sa première application en Angleterre.

Quelques observations avaient été faites, pendant les conférences qui avaient précédé la rédaction du projet définitif, sur les difficultés et les inconvénients que pouvait présenter l'emploi d'un seul caisson.

M. Mary, inspecteur général des ponts et chaussées de l'administration française, l'un des ingénieurs les plus expérimentés, et qui, d'ailleurs, était déjà au courant de tout ce qui concernait le pont du Rhin, puisqu'il avait présidé la Commission mixte de 1857, fut consulté alors, et il confirma pleinement les observations qui avaient été présentées dans les conférences.

L'objection la plus grave, c'était la difficulté de diriger à volonté, et de prévenir contre toutes les chances possibles de déversement, de dislocation et de rupture, des caissons en tôle d'aussi grandes dimensions, surtout l'une de ces dimensions dépassant de beaucoup les deux autres; admettant toutefois le système, il lui parut possible de conserver ses principaux avantages et de faire disparaître ses inconvénients, en divisant le caisson en plusieurs parties indépendantes et isolées.

En conséquence, il fut entendu que l'on proposerait définitivement le mode de fondations consistant, en résumé, dans l'enfoncement simultané, pour chacune de ces piles, de trois caissons en tôle juxtaposés, dont la descente pût être dirigée de telle sorte qu'elle fût la même régulièrement pour tous les caissons d'une pile, chaque caisson devant être garni de deux chambres à air avec leur cheminée, et d'une grande cheminée centrale de service, et des caissons en bois devant être superposés aux caissons en fer, au fur et à mesure de leur enfoncement dans le sol.

Le mode de fondations des piles intermédiaires étant ainsi déterminé, il fallait arriver à une solution relativement aux fondations des piles extrêmes.

D'après les prescriptions de la convention internationale, ces piles devaient avoir, au-dessous des corniches, une longueur de 21 mètres et une largeur de 4m,50; eu égard aux empatements nécessaires, il fallait donc donner aux fondations une longueur de 23m,51 et une largeur de 7 mètres. Il était stipulé que les maçonneries devraient descendre jusqu'à 2 mètres en contre-bas de l'étiage, mais il n'y avait aucune indication spéciale relativement au système à employer pour les fondations.

La transaction portait toutefois : « Les tubes en fonte, pieux en chêne, etc., pour les fondations des piles, descendront au moins à 15 mètres au-dessous des plus basses eaux, » et on pouvait en déduire qu'on admettrait des pilotis pour les fondations des piles extrêmes; mais, en nous rendant compte de la nature du sol dans le lit du fleuve, et de la difficulté qu'il y aurait à donner aux pieux une fiche minima de 15 mètres, nous avons dû renoncer à proposer ce système de fondations.

Il n'y avait pas à songer à faire des dragages à une profondeur de

15 à 20 mètres, parce que les fouilles auraient pu être comblées à la moindre crue.

Il n'était pas possible, enfin, d'admettre pour les piles extrêmes le système de fondations tubulaires, puisque, pour chacune de ces piles, il eût fallu employer dix tubes de 3 mètres de diamètre chacun, ou au moins six tubes de 4 à 5 mètres de diamètre.

Dans cette situation, nous avons pensé que le parti le plus rationnel à prendre, c'était de proposer, pour les fondations des piles extrêmes, le système admis pour les fondations des piles intermédiaires, en employant quatre caissons pour chacune d'elles.

C'est sur ces bases que les projets ont été dressés, qu'ils ont été arrêtés dans notre conférence du 12 août 1858, et approuvés définitivement par toutes les autorités compétentes.

Nous indiquerons, en rendant compte de l'exécution des travaux, les modifications que l'expérience a fait apporter successivement aux premières dispositions projetées, modifications qui, en définitive, ont eu pour résultat de rendre plus simple et plus pratique l'application du système nouveau.

D'après les prescriptions de la convention internationale, les culées devaient être exécutées en maçonnerie, et leurs fondations devaient être descendues à 12 mètres au-dessous de l'étiage; ces fondations, ne pouvant présenter ainsi aucune difficulté sérieuse, il n'avait été présenté aucun système spécial pour leur exécution.

Nous indiquerons ultérieurement aussi les motifs qui ont déterminé l'adoption du système définitivement admis pour les fondations de ces culées.

§ 2. — Dispositions générales relatives à l'exécution des travaux. Pont de service, échafaudages, etc.

Il avait été stipulé, à l'article 6 de la convention entre l'administration des ponts et chaussées du Grand-Duché et la Compagnie concessionnaire française, que ladite Compagnie se chargerait d'exécuter sur la rive gauche, à la hauteur des voies de fer, une plate-forme convenable pour que l'entrepreneur de la superstructure pût y établir son chantier pour l'exécution des poutres en treillis.

Une des premières opérations à faire était donc d'exécuter cette plate-forme sur une étendue assez considérable, non-seulement pour se conformer à cette prescription, mais encore pour y former le dépôt des matériaux nécessaires aux maçonneries des piles et culées.

D'un autre côté, la promptitude avec laquelle on devait exécuter les fondations des piles intermédiaires et des piles extrêmes, rendait obligatoire l'établissement d'un pont de service, qui permît de faire arriver directement à pied d'œuvre les matériaux de construction préparés à l'avance. On avait eu aussi, en premier lieu, la pensée d'utiliser ce pont de service pour le levage des fermes et du tablier métallique de la partie fixe, qu'on n'aurait eu qu'à faire passer du pont provisoire sur les piles aussitôt après leur établissement.

Ces divers motifs ont dû faire comprendre dans les projets généraux le projet d'un pont provisoire de service en charpente, qui a été établi à 12 mètres environ en amont du pont définitif.

Les voies de fer du pont de service ont été prolongées sur la rive gauche du fleuve, par laquelle devaient arriver tous les matériaux de construction, jusque dans un terrain de vaste étendue, où l'on pouvait en former le dépôt à l'avance.

Une voie de fer de plus de deux kilomètres de longueur a même été posée le long du petit Rhin, où l'on avait formé le port de débarquement des pierres de taille, moellons et bois de toute espèce, et des plaques tournantes ont mis cette voie en communication avec celles du pont de service et avec les autres voies établies dans le dépôt, de telle sorte que tous les transports de matériaux de construction ont pu s'effectuer par waggon.

Des bâtiments pour bureaux et magasins ont été construits sur la même rive, à proximité du pont, pour en faciliter l'exécution, et pour la commodité du service.

La planche n° 1 donne l'indication des dispositions d'ensemble et de détail de cette organisation générale du chantier.

Nous avons fait connaître déjà les motifs puissants, qui avaient déterminé l'établissement du pont provisoire de service ; l'un de ces motifs étant la nécessité d'assurer le prompt arrivage à pied-d'œuvre des matériaux et autres objets nécessaires à la construction des piles, il fallait évidemment, pour recevoir ces matériaux et les distribuer, une plate-forme assez vaste au-dessus de chaque pile.

D'un autre côté, l'immersion des caissons en tôle dans le courant si rapide du Rhin n'eût pas été possible ; on a été forcé, en conséquence, d'établir, autour de chaque pile, une enceinte jointive en pieux et palplanches, destinée à l'isoler complétement du courant, et à permettre ainsi l'immersion et l'enfoncement des caissons dans une eau tranquille.

Il fallait enfin, pour pouvoir travailler en toute saison, sans interruption aucune, recouvrir les piles de hangars en planches, qui permissent de soustraire aux intempéries les ouvriers et les machines.

La figure 1 de la planche n° II donne l'indication des dispositions d'ensemble du pont de service, des plates-formes, enceintes et échafaudages ci-dessus indiquées.

Ce pont de service et ces échafaudages ont été construits entièrement en bois de sapin.

Le pont de service était composé, au milieu du lit du fleuve, de neuf travées de chacune 19^{m},63 d'ouverture, disposées de telle sorte que les palées correspondaient, de trois en trois, aux axes des piles ; en dehors des piles, les travées avaient des ouvertures inégales.

Chaque palée était formée de cinq pieux ayant 7 à 8 mètres de fiche dans le gravier, reliés ensemble par des moises horizontales et en croix de saint André, pour établir un contreventement.

Trois fermes américaines placées sur les moises horizontales, celles du milieu au-dessus des pieux d'axe et les deux fermes extrêmes contre les pieux intermédiaires, supportaient le plancher sur lequel étaient établies les voies de fer. Ces dispositions de détail sont indiquées à la même planche, fig. 2.

Les échafaudages qui entouraient les piles formaient un premier plancher, établi à la hauteur du pont de service et portant des voies de fer, qui étaient réunies par des plaques tournantes avec celles de ce pont.

Sur cette première plate-forme était élevé un hangar, en charpenterie et menuiserie, qui recouvrait les machines et tous les accessoires des dragages à exécuter dans l'intérieur des caissons. La planche n° II représente un hangar sur chaque pile; mais l'exécution de ces piles ayant été successive, deux hangars ont suffi, en reportant chacun d'eux d'une pile à l'autre.

A $3^{m},50$ environ en contre-bas de ce premier plancher, était établi un second plancher, qui se trouvait au niveau du dessus des enceintes et qui servait à l'exécution des maçonneries.

Les matériaux étaient amenés par le pont de service sur les voies de cette plate-forme supérieure, à l'extérieur des hangars, et ils étaient descendus ensuite sur le plancher inférieur par des trappes ménagées à cet effet, et dont l'emplacement est figuré sur le plan des échafaudages des deux piles vers la rive badoise.

On trouve les dispositions de détail de ces planchers et hangars dans les planches n°s III, IV et V.

On a commencé l'exécution du pont de service en partant de la rive française, près de laquelle se trouvait le dépôt des matériaux approvisionnés à l'avance.

Aussitôt que le pont de service eut dépassé la première pile en rivière de la rive française et que les échafaudages surmontant et entourant cette pile ont été prêts, on a commencé le montage des caissons pour pouvoir procéder à leur immersion et à leur enfoncement.

Le pont de service a pu être terminé pendant ces opérations, de sorte qu'on a pu attaquer les travaux de la pile culée de la rive badoise, immédiatement après l'achèvement des maçonneries de fondations de la pile culée de la rive française, et ensuite successivement les travaux des piles intermédiaires.

Nous n'avons pas besoin de faire observer que les vannages d'enceinte de chacune des piles ont été enlevés au fur et à mesure de l'achèvement des maçonneries, afin de maintenir dans le lit du fleuve une largeur suffisante pour l'écoulement des eaux en temps de crues.

Le battage des pieux des échafaudages et du pont de service présentait d'assez grandes difficultés, surtout pour la pile culée de la rive badoise située dans le thalweg du fleuve, où il y avait une profondeur d'eau de 8 à 9 mètres au-dessous de l'étiage, et où le courant était extrêmement rapide en tout temps.

On a dû employer, dans cette situation, des pieux de dimensions considérables; la longueur d'un assez grand nombre a été jusqu'à 25 mètres, et il a fallu en conséquence se servir, pour leur mise en fiche et leur battage, de machines toutes spéciales, montées sur des bateaux accouplés.

Les machines à battre les pieux étaient des sonnettes à déclic, mues par la vapeur. Les moutons, pesant 1,000 kilogrammes, avaient une chute allant jusqu'à 6 mètres; on battait trois ou quatre coups par minute, et il fallait souvent vingt-quatre heures pour enfoncer un pieu avec une fiche moyenne de 7 à 8 mètres.

On trouve, sur les planches XVII et XVIII, qui n'ont été faites qu'après coup, les dispositions de l'installation des machines sur les bateaux, les détails de ces machines avec leurs treuils et leurs chaudières, et les dessins des sabots en fer forgé.

Sur le plan général (pl. I), est figurée en M une grue de chargement, dont la planche III donne les détails d'installation. Elle était destinée à élever et verser dans des waggons les produits des dragages, qui ont servi à former sur la rive française le dépôt de gravier, où l'on a puisé ensuite pour faire les mortiers et les bétons employés aux maçonneries du pont.

Nous ne terminerons pas enfin cette description des dispositions générales, sans parler des grues roulantes, installées sous les hangars au-dessus des piles, et qui ont servi d'abord au montage des caissons, à la pose et à la dépose des chambres à air, des viroles de cheminées et des machines à draguer, et qu'on a utilisées plus tard pour la pose des pierres de taille des parements et des couronnements des piles.

Les détails des dispositions et de construction de ces grues sont donnés par la planche V, où l'on trouve aussi le dessin des treuils pour les faire mouvoir et pour élever les matériaux.

CHAPITRE II.

DÉTAILS RELATIFS A LA CONSTRUCTION DES PILES EN RIVIÈRE.

---

§ 1. — Pile-culée de la rive française.

Les travaux de fondations de la pile-culée de la rive française ont été commencés, en se conformant aux dispositions d'ensemble et de détail des projets approuvés par les administrations supérieures des gouvernements français et badois.

Caissons en fer.

On a dit déjà qu'il avait été employé pour ces fondations quatre caissons en tôle ouverts par le bas, juxtaposés, et disposés de telle sorte que leur enfoncement pût avoir lieu simultanément et le plus régulièrement possible.

Chacun de ces caissons a une longueur de $5^m,80$, sur une largeur de 7 mètres et une hauteur de $3^m,67$, et ils forment ensemble, avec le jeu nécessaire pour l'emplacement des rivets, une surface de $23^m,50$ sur 7 mètres.

Les maçonneries en élévation ne devant avoir que 21 mètres sur $4^m,50$, il résultait de ces dispositions un empatement de $1^m,25$ au pourtour.

Chaque caisson est formé de feuilles en tôle de $0^{m},90$ de largeur au maximum, et de $0^{m},008$ d'épaisseur, fortement assemblées les unes avec les autres, et renforcées par des contre-forts verticaux, des ceintures horizontales et des doubles cornières aux angles.

La calotte est soutenue, en outre, par des poutres principales, dans le sens de la plus petite dimension du caisson, et par d'autres poutres perpendiculaires aux premières, formant un châssis dans lequel sont ménagés l'emplacement des deux cheminées avec sas à air, et celui de la grande cheminée de service, de forme circulaire.

La tôle des âmes des poutres et des contre-forts verticaux a $0^{m},010$ d'épaisseur.

Quatre pièces principales en bois de chêne, normales aux quatre faces de chaque caisson, et embrassant la base de la grande cheminée de service, étaient placées au niveau de la première ceinture horizontale inférieure, et recevaient un plancher volant sur lequel se tenaient les ouvriers. Ces pièces de bois servaient aussi à empêcher la flexion de la partie inférieure des faces des caissons.

Le poids de chacun des caissons peut être évalué à 34,500 kilogrammes.

Ces caissons avaient à supporter la pression de l'eau extérieure, la pression des graviers sur les faces latérales, et sur la calotte supérieure le poids des maçonneries, qui se répartissait aussi sur les parois verticales.

Ces pressions étaient contre-balancées en partie par l'air comprimé à l'intérieur et par les frottements latéraux du coffrage en bois contre le gravier; il eût été bien difficile d'évaluer à l'avance, même d'une manière approchée, ces pressions et ces frottements, qui, du reste, devaient être assez variables, et en conséquence de déterminer, par le calcul, les dimensions principales des diverses parties des caissons; ce qu'on peut dire, c'est qu'ils ont parfaitement résisté, sauf les caissons de la pile-culée de la rive française, aux efforts qu'ils ont eu à supporter, mais qu'il n'eût pas été prudent de les constituer moins fortement qu'ils ne l'ont été.

Lorsque les caissons ont été descendus à profondeur, il y avait au-dessus de leur plafond un massif de maçonnerie d'environ 20 mètres de hauteur, formant un cube de 3,000 mètres sur une surface de 150 mètres, déduction faite des cheminées, ce qui représentait un poids total de 7,200,000 kilogrammes pour la surface entière, et de 48,000 kilogrammes par mètre carré.

On conçoit facilement que les caissons, quels qu'ils fussent, n'auraient pu résister à une charge aussi considérable, si elle n'avait pas été contre-balancée en partie, et par la sous-pression, et par les frottements du massif sur les graviers qui pressaient ses parois.

Les planches VII, VIII et IX donnent l'indication des dispositions d'ensemble et de détail de ces caissons en fer.

Toutes les parties constitutives des caissons avaient été fabriquées dans l'usine de Graffenstaden, près Strasbourg, et les caissons y avaient été assemblés ; mais ils avaient été envoyés par pièces, à pied d'œuvre, et ils n'ont été montés définitivement que sur place.

Les quatre caissons ont été montés sur un plancher provisoire établi au niveau de la plate-forme inférieure des échafaudages, de telle sorte que chaque caisson fût exactement au-dessus de l'emplacement qu'il devait occuper.

Pour pouvoir descendre les caissons dans le lit du fleuve, on a fixé à chacun des quatre angles une paire de verrins de suspension, ayant leur point d'appui sur des pièces de charpente disposées, à cet effet, sur la plate-forme supérieure de l'échafaudage, conformément aux indications des dessins des planches III et V.

Chacun de ces verrins avait des dimensions suffisantes pour supporter une charge de 15,000 kilogrammes, soit 60,000 kilogrammes pour les quatre verrins qui marchaient toujours simultanément ; ils pouvaient donc tenir parfaitement en suspension un caisson, dont le poids était de 37,500 kilogrammes seulement, augmenté d'une certaine portion des cheminées à air, et de la grande cheminée de service, et même d'une certaine hauteur de maçonnerie.

Cheminées à air et cheminée de service.

Chacun des caissons, avons-nous dit, était garni de deux cheminées avec sas à air, et d'une grande cheminée centrale de forme circulaire.

La grande cheminée de service, de $1^{m},50$ de diamètre, était placée au centre du caisson, elle descendait à $0^{m},30$ en contre-bas de ses bords inférieurs, en s'évasant de telle sorte, que son diamètre, à la base, était porté à $1^{m},60$; elle était disposée pour faire corps avec le caisson jusqu'à $0^{m},60$ en contre-haut de sa calotte supérieure.

Au-dessus, elle était formée de viroles de 2 mètres de longueur, qu'on ajoutait les unes aux autres, au fur et à mesure de l'enfoncement des caissons. Les tôles de ces cheminées avaient $0^{m},008$ d'épaisseur comme celles des caissons.

Il est inutile de rappeler que l'eau se maintenait dans cette cheminée centrale à la hauteur des eaux du Rhin, et qu'en conséquence le dragage des graviers au-dessous de ces cheminées s'opérait comme s'il avait eu lieu dans le fleuve; les cheminées à air étaient placées dans le sens de la plus grande dimension des caissons, de chaque côté de la cheminée centrale; leur axe se trouvait à 2 mètres de celui de cette cheminée; leur diamètre était de 1 mètre hors œuvre; elles ne descendaient qu'à $0^{m},30$ en contre-bas du plafond des caissons, et leur base était disposée pour faire corps avec les caissons, jusqu'à $0^{m},60$ au-dessus de ce plafond. Au-dessus, elles étaient formées avec des viroles de 2 mètres de longueur et pesant environ 880 kilogrammes, garnies chacune de sept échelons, qu'on superposait les unes aux autres, au fur et à mesure de l'enfoncement des caissons, comme pour la cheminée centrale.

Chacune de ces cheminées était surmontée d'une chambre ou sas à air, d'une hauteur totale de 4m,10, dont 3m,30 avec un diamètre de 2 mètres hors-œuvre, et 0m,80 formant une partie conique pour pouvoir être raccordée avec les viroles; les sas avaient été construits avec des tôles de 0m,012 d'épaisseur, et ils pesaient chacun 6,000 kilogrammes environ.

La chambre à air proprement dite n'avait qu'une hauteur de 3 mètres entre son plafond et son plancher, qui étaient garnis chacun d'un trou d'homme de 0m,65 de diamètre, placé, celui du plafond sur le côté, et celui du plancher inférieur au milieu de la cheminée.

Ces trous d'homme étaient garnis de clapets, qui étaient alternativement ouverts ou fermés, comme les portes d'une écluse.

Chaque chambre à air était munie, sur le côté opposé au trou d'homme du plafond, d'un treuil qui servait à descendre dans les caissons les outils, madriers et autres objets ou matériaux nécessaires pour l'exécution des travaux.

L'air était introduit dans la partie conique, au-dessous du plancher des chambres à air, au moyen d'une tubulure armée intérieurement d'un clapet de sûreté, que l'air lancé par les machines ouvrait à chaque émission et qui se refermait de lui-même, de telle sorte que l'air ne pouvait pas sortir des chambres et des caissons, en cas de rupture des tuyaux d'amenée.

Chaque chambre à air, enfin, était garnie de prises d'air et de télégraphes nécessaires pour assurer le service.

Les cheminées latérales étaient composées de viroles de 2 mètres de longueur, assemblées intérieurement par des boulons et formant des joints étanches à l'air. Un clapet était placé à leur partie supérieure, afin d'enlever les écluses sans que l'air comprimé pût avoir une issue et, en conséquence, sans déterminer d'interruption dans l'exécution des travaux.

A la partie inférieure des cheminées latérales se trouvait un autre clapet de sûreté, qui n'était manœuvré que lors des changements des chambres à air, d'une cheminée à l'autre.

L'écluse à air d'une cheminée était enlevée, chaque fois que les caissons étaient descendus de 4 mètres; on la reportait alors sur l'autre cheminée, préalablement allongée de deux viroles, et ainsi de suite successivement.

Toutes les dispositions d'ensemble et de détail des cheminées latérales et de leurs chambres à air sont indiquées, notamment dans les planches VIII, IX et XI.

Au fur et à mesure de l'enfoncement des caissons, les cheminées latérales, comme les cheminées centrales, étaient entourées de maçonnerie, mais il n'y avait pas contact entre les maçonneries et les tôles; ces dispositions ont permis de retirer toutes les viroles après le fonçage, et de les faire servir successivement pour les fondations de toutes les piles.

Coffrage en bois au-dessus des caissons.

D'après les projets approuvés, les caissons en tôle devaient être surmontés de caissons ou coffrages en bois, au fur et à mesure de leur enfoncement.

Ces caissons en bois ont été construits conformément aux indications des dessins de la planche VII, sur une hauteur de 14^{m},10 au-dessus du plafond des caissons en tôle.

Ils sont composés de cadres en bois sur lesquels ont été appliqués des madriers jointifs, calfatés avec soin. Ces madriers n'ont été placés que sur une hauteur de 8^{m},18, et pour la hauteur complémentaire de $5^m,92$, on a supprimé le revêtement des parois en contact.

Les montants en bois sur lesquels venaient s'appuyer les entretoises, et ceux entre lesquels se trouvaient les cadres, ont été faits en deux pièces seulement, et ils ont été assemblés à traits de jupiter, fortement consolidés par des plates-bandes en tôle.

Des tirants en fer ont été disposés aussi pour maintenir l'écartement et consolider les cadres.

Les caissons en bois sont amarrés solidement aux caissons en fer, au moyen d'armatures en forme d'M, et d'armatures droites plus simples, d'une assez grande longueur.

Nous dirons tout de suite, pour ne pas avoir à y revenir, que, lorsque les caissons en tôle, formant la base de la pile, ont été arrivés à la profondeur voulue, la surface supérieure du massif de maçonnerie, qui les surmonte, a été maintenue d'abord à 2 mètres en contre-bas des plus basses eaux, et qu'il a fallu, pour poser les premières assises des piles proprement dites, former un batardeau et y faire des épuisements.

Pour la pile-culée de la rive française, ce batardeau a été fait tout naturellement par le prolongement du coffrage en bois, qui contenait la maçonnerie du massif inférieur, mais seulement dans des conditions plus simples, comme l'indiquent les dessins de la planche VII.

On voit enfin, sur la planche VIII, le dessin des tôles formant le revêtement des parois extérieures du coffrage en bois, sur une certaine hauteur à partir du caisson en fer.

Nous avions pensé d'abord, et avec juste raison, que les madriers en bois devaient présenter, à l'extérieur, beaucoup plus de résistance à l'enfoncement des caissons que la surface lisse des tubes en fonte, dans le système de fondation tubulaire, et qu'en outre ces madriers laissés à nu pouvaient être déchirés par des roches perdues, par des souches d'arbres ou autres objets. Pour obvier à ces inconvénients, nous avions pris le parti de revêtir les parois extérieures des coffrages en bois, de tôle ordinaire de $0^m,003$ d'épaisseur clouée seulement sur les madriers.

Nous indiquerons ultérieurement les motifs qui ont fait renoncer à continuer cette opération sur toute la hauteur des coffrages en bois, lesquels n'ont été employés eux-mêmes, du reste, que pour les fondations de la pile culée de la rive française.

Appareils de dragage.

D'après les prévisions premières, les déblais faits par les ouvriers travaillant dans les caissons devaient être enlevés, par les cheminées centrales, dans des bennes ordinaires.

On n'a pas tardé à reconnaître qu'il serait plus rationnel, et en même temps plus économique, d'installer dans chacune de ces cheminées des norias, dans les godets desquelles les ouvriers n'auraient qu'à pousser les déblais, et qui feraient en même temps l'office de machines à draguer.

Ces norias, ou dragues verticales, étaient montées, avec leur transmission de mouvement, sur un bâti en charpenterie placé dans l'axe du caisson en fer, élevé de $2^m,20$ au-dessus de la plate-forme supérieure, et porté sur de fortes pièces de bois avec lesquelles les pièces horizontales inférieures du châssis étaient boulonnées.

Deux machines à vapeur, de la force de dix chevaux, servaient chacune à faire mouvoir deux norias.

Les produits de dragages sortant des godets étaient versés dans des goulottes en tôle, qui les reportaient dans les caisses des bateaux marie-salope; ces bateaux étaient conduits ordinairement, lorsqu'ils étaient complétement chargés, sous la grue à vapeur disposée pour enlever les caisses et les décharger dans les waggons.

Les dispositions d'ensemble et de détail des appareils de dragage sont indiquées, du reste, sur les planches III, V, VI, X et XI.

Machines soufflantes. — Tuyautage. — Robinets-vannes.

D'après les prévisions premières, des machines soufflantes d'une force totale de vingt chevaux avaient paru suffisantes dans l'espèce; mais un examen plus attentif de la question, et l'expérience acquise dans l'application du système de fondations tubulaires, n'ont pas tardé à démontrer que cette force ne serait pas suffisante, et les machines soufflantes, destinées à envoyer l'air dans les caissons, ont été définitivement portées au nombre de cinq, savoir :

Sur un bateau, deux machines de la force de seize chevaux chacune, fournies par la maison Derosne et Cail;

Sur un autre bateau, deux machines, système Flaud, de dix chevaux chacune, ayant servi aux fondations tubulaires du pont de Moulins, sur l'Allier;

Et enfin, sur un troisième bateau, une machine de vingt-cinq chevaux, fournie par la maison Cavé.

Toutes ces machines, du reste, n'ont jamais été employées simultanément; mais il était important d'avoir des machines de réserve, pour éviter des interruptions de travail, en cas d'accident, et pendant la réparation de l'une d'entre elles. Nous indiquerons plus loin, en traitant la question d'exécution des travaux, dans quelles limites les machines ont fonctionné aux divers degrés d'enfoncement des caissons.

L'air refoulé par les machines était envoyé dans un grand tuyau fixe en cuivre, de $0^{m},35$ de diamètre; sur ce tuyau s'embranchaient normalement deux autres tuyaux, également en cuivre, qui portaient chacun deux tubulures destinées à recevoir des tuyaux en caoutchouc communiquant avec les chambres ou écluses à air de chaque caisson.

D'autres tuyaux en caoutchouc établissaient les communications des machines placées sur bateaux avec le tuyau central fixe, de manière à suivre les variations de niveau des eaux du fleuve.

Toutes les tubulures étaient fermées par des robinets-vannes, afin d'interrompre à volonté les communications.

On trouve dans les dessins de la planche IV les dispositions d'ensemble relatives à l'installation des machines soufflantes, et les détails du tuyautage et des robinets-vannes.

La planche XIV indique les dispositions de détail des machines soufflantes, système Cail ; la planche XV, celles des machines soufflantes, système Flaud, et enfin la planche XVI, celles de la machine soufflante, système Cavé.

Le tableau ci-dessous donne les dimensions principales de ces machines.

DÉSIGNATION.	DÉSIGNATION DES MACHINES.				
	MACHINES CAIL.		MACHINES FLAUD.		MACHINES CAVÉ.
	N° 1.	N° 2.	N° 3.	N° 4.	N° 5.
	Chev.	Chev.	Chev.	Chev.	Chev.
Force nominale..........	16	16	10	10	25
Surface de chauffe du foyer......	2.82	2.82	2.13	2.31	4.36
Surface de chauffe des tubes.....	17.92	17.92	10.80	9.20	21.62
Surface de chauffe totale.......	20.74	20.74	12.93	11.51	25.98
Nombre de tubes..........	34	34	24	20	47
Longueur.............	3.20	3.20	1.95	2.05	2.45
Diamètre.............	0.060	0.060	0.075	0.075	0.063
Surface des grilles.........	0.63	0.63	0.35	0.48	0.81
Diamètre de la chaudière.......	0.80	0.80	0.73	0.75	0.90
Diamètre du piston à vapeur.....	0.32	0.32	0.20	0.25	0.25
Diamètre du piston à air.......	0.40	0.40	0.45	0.45	0.665
Course du piston à vapeur......	0.60	0.60	0.26	0.25	1.00
Course du piston à air........	0.60	0.60	0.60	0.60	0.98
Rapport entre la surface des clapets et celle du cylindre.........	1.66	1.66	11.08	11.08	»
Nombre de tours..........	35	35	180	120	30

Fonçage des caissons.

Les dispositions prises avant l'opération du fonçage des caissons de la pile-culée de la rive française pouvaient, d'après ce qui précède, être résumées comme suit :

Le pont de service était exécuté jusqu'au delà de cette pile.

Les échafaudages autour et au-dessus de l'emplacement de la pile étaient complets, ainsi que les deux plates-formes inférieure et supérieure, les hangars les recouvrant, les voies de service et les grues roulantes.

Au moyen du vannage qui avoisinait l'emplacement où devaient être descendus les caissons, l'eau était tranquille sur ce point; il avait été possible d'opérer à la main les dragages nécessaires pour établir dans le lit du fleuve une plate-forme horizontale à 3 mètres de profondeur en contre-bas du niveau de l'eau.

Les quatre caissons étaient montés et juxtaposés sur la plate-forme inférieure, au-dessus de cet emplacement.

Les grandes cheminées centrales et les cheminées latérales étaient aussi montées sur une certaine hauteur.

Les appareils de dragage étaient installés en partie sur leurs bâtis en charpente, au-dessus de la plate-forme supérieure, et les machines destinées à les faire mouvoir étaient montées à l'extrémité aval de cette plate-forme.

Des bateaux marie-salope, avec leurs caisses ou bennes, placés sur la rive gauche, attendaient pour recevoir les produits des dragages.

Quatre machines soufflantes, celles du système Cail et celles du système Flaud, étaient installées sur deux bateaux placés sur la rive droite; ces machines étaient prêtes à marcher avec leur tuyautage et leurs robinets.

Ordre fut donné, le 15 février, de commencer l'opération de fonçage ; ou pour mieux dire, comme opération première, la descente des caissons dans le lit du fleuve.

Les caissons furent soulevés au moyen des verrins; on put enlever alors les planchers et les pièces de bois sur lesquels ils avaient été montés, et opérer ensuite, avec l'aide des mêmes verrins, leur descente sur la plate-forme horizontale, qui leur avait été préparée dans le lit du fleuve, à leur emplacement définitif.

Les caissons ont été ainsi en place le 26 du même mois; on s'est occupé immédiatement après du montage des coffrages en bois; on a installé les chambres à air et l'on a complété l'installation des norias.

Ces machines ont pu être mises en marche, sans l'aide d'ouvriers dans l'intérieur des caissons, dans les premiers jours du mois de mars, et ces caissons sont entrés ainsi de 0^{m},84 dans le gravier.

D'un autre côté, des ouvriers avaient commencé, dès le 12 mars, les maçonneries au-dessus des caissons dans les coffrages en bois, et le 21 dudit mois, en définitive, au moment où les machines soufflantes ont pu être mises en mouvement pour repousser les eaux de l'intérieur, la situation était comme suit :

Profondeur d'immersion des caissons au-dessous de l'eau, qui se trouvait ce jour-là à 1^{m},50 en contre-haut de l'étiage. 4^{m},05
Enfoncement des caissons dans le gravier. . . . . 0^{m},84
Hauteur des maçonneries au-dessus du plafond des caissons. . . . . 2^{m},50
L'eau ayant été repoussée de l'intérieur, la sous-pression était de. . . . . 628,965^{k}
Et la charge pour la contre-balancer de. . . . . 994,000^{k}

La sous-pression de 628,965 kilogrammes était calculée comme suit :

Surface des caissons (7 × 5^{m},80)4 =. . . . . 162^{m},40
Dont à déduire les cheminées d'eau ($\pi \times \overline{0,75}^{2}$) 4 =.. . . . . 7^{m},10

Reste. . . . . 155^{m},300
D'où, par mètre de hauteur d'eau. 155,300^{k}
Et pour 4^{m},05. . . . . 628,965^{k}

Le chiffre de la charge était calculé comme suit :

Surface des caissons comme dessus, formant par mètre de hauteur, un cube de.		162m,40

Dont à déduire, savoir :

1° Le cube de quatre caissons en bois, ci $1 \times 4 \times 4^m,96 =$. . . .	19m,84	
2° Le cube de quatre cheminées de service, avec le vide entre la tôle et les cheminées $(\pi \times \overline{0,90}^2)4 =$.	10m,16	38m,16
3° Le cube des cheminées à air et du vide entre la tôle et les cheminées $(\pi \times \overline{0,57}^2)8 =$.	8m,16	
Reste.		124m,24
En nombre rond.		124
Poids de la maçonnerie.		2,400k
Par mètre de hauteur.		297,600k
Et pour 2m,50.		744,000k
Surcharge en bois et fer.		250,000k
Total égal.		994,000k

Pour établir la surcharge, on s'est servi des éléments ci-dessous, savoir :

Poids des caissons.	133,800k
Poids des caissons en bois, par mètre de hauteur.	13,032k
Poids d'une virole de cheminée à air.	580
Poids d'une virole de cheminée de service.	880
Poids d'une chambre à air.	6000
Poids des douze embases de cheminées.	3700

L'opération de fonçage a donc commencé définitivement le 21 mars.

Pendant l'opération, M. le chef de section Joyant a tenu un journal, dit *Journal de fonçage*, sur lequel ont été inscrits, de quatre heures en quatre heures, les diverses circonstances qui se sont présentées et le degré d'avancement de tous les travaux.

Le tableau annexé n° 9 donne le résumé de ce journal, ou, pour mieux dire, le résumé de l'opération par journée de travail.

Nous ne rentrerons pas dans tous les détails de l'opération ; nous nous bornerons à en relater les principales dispositions et les divers incidents qui se sont présentés en cours d'exécution.

Du 21 au 24 mars, le travail était assez irrégulier; mais à partir du 25 dudit mois, les ouvriers employés au dragage dans l'intérieur des caissons et les ouvriers tubistes ont travaillé à ces dragages de 5 heures du matin à 9 heures du soir.

Ces ouvriers étaient divisés en deux brigades, faisant chacune deux postes :

La première, de 5 heures du matin à 9 heures, et de 1 heure à 5 heures du soir;

Et la seconde, de 9 heures du matin à 1 heure de l'après-midi, et de 5 heures à 9 heures du soir.

Le 27 mars, la poussée du gravier a déterminé un bombement assez sensible dans les parois de la partie inférieure des caissons, entre les angles et les premiers contre-forts. Ce bombement était plus considérable dans les caissons intermédiaires n°s 2 et 3, que dans les caissons extrêmes n°s 1 et 4.

Des cadres en charpenterie ont été employés pour empêcher l'augmentation des effets de cette poussée de graviers.

Dès le 28 mars, des ouvriers ont été occupés de 6 heures du matin à 6 heures du soir, sauf les heures de repos ordinaires, à faire des maçonneries en brique dans l'intérieur des caissons.

Il a été placé à cet effet, entre les montants de chaque contrefort, dans la partie inférieure des caissons, des pièces de charpente pour servir de base à des maçonneries en brique hourdées en ciment romain ; on a maçonné au-dessus par lits horizontaux, et aussi par voûte en décharge, en suivant les fers à T des contre-forts et ceux des ceintures, et l'on a étendu la maçonnerie jusqu'au plafond des caissons, en remplissant les compartiments du haut, de manière à former en définitive, dans chaque caisson, une espèce de voûte supportant le plafond, comme il est indiqué au dessin principal des planches nos VI et XIII.

Du 31 mars au 2 avril, tous les travaux dans l'intérieur des caissons ont été interrompus pour les premiers changements des chambres à air.

A partir du 5 avril, les tubistes ont travaillé de 5 heures du matin à 9 heures du soir, par poste de 4 heures, comme on l'a indiqué ci-dessus, et les maçons, de 9 heures du soir à 5 heures du matin. On a évité ainsi la gêne et la difficulté qui résultaient du travail simultané de ces divers ouvriers.

Le 9 avril, les maçonneries dans l'intérieur des caissons étaient dans un degré d'avancement tel, qu'elles déterminaient une surcharge de 48,000 kilogrammes. Cette surcharge a été ainsi en augmentant, jusqu'à l'achèvement des voûtes intérieures.

Le second changement des sas à air a eu lieu le 9 avril, sans qu'il en soit résulté aucune suspension de travail, et il en a été de même pour les autres changements jusqu'à la fin de l'opération de fonçage.

Des réparations indispensables à l'une des norias ont arrêté les travaux la majeure partie du temps, pendant les journées des 16, 17 et 18 avril.

Une crue de $1^{m},07$ dans le Rhin, du 22 au 24 dudit mois, n'a eu aucune influence relativement à l'exécution des travaux.

Il a été constaté, le 27 avril, que les bombements qui s'étaient manifestés, dès le 27 mars, dans les parois extérieures des caissons, entre les angles et les premiers contre-forts, par l'effet de la poussée des graviers, étaient devenus plus considérables aux caissons n° 1 et n° 3.

Ces bombements allant toujours en augmentant, et ayant atteint $0^{m},08$ et $0^{m},20$, on a dû consolider les angles déformés, et il y a eu à cet effet huit journées de chômage (du 5 au 13 mai).

La consolidation a consisté dans l'emploi de coins en charpente, affectant la forme de l'angle détérioré, fortement serrés au moyen de vis engagés dans un arc en fer, qui était contrebuté sur des cales en fonte s'appuyant elles-mêmes sur les contre-forts.

Les travaux avaient été repris le 13 mai; mais, à deux heures de l'après-midi, la chaîne de la noria n° 4 s'est rompue; les hélindes se sont brisées, et les travaux ont encore été suspendus jusqu'au 17, pour opérer les réparations nécessaires, dans l'exécution desquelles on s'est servi avec succès des scaphandres du système de Gabirol. Des plongeurs, vêtus de ces appareils, ont pu descendre dans la cheminée d'eau, jusqu'à la profondeur de 15 mètres, pour détacher les hélindes brisées, les remplacer, et opérer toutes les consolidations convenables.

D'après la prévision première, les maçonneries de béton dans le coffrage en bois, au-dessus du caisson, ne devaient être faites que sur une hauteur nécessaire pour contre-balancer la sous-pression; mais on a bien vite reconnu que cette maçonnerie devait être élevée à une hauteur telle, qu'il n'y eût plus d'épuisement à faire que pour la pose du socle en pierre de taille, et on les a continuées dans ce but, au fur et à mesure de la descente des caissons.

Le 5 mai, ces maçonneries avaient atteint une hauteur de 14^{m},60; c'était la limite maxima, en admettant une profondeur d'immersion totale de 20 mètres au-dessous des plus basses eaux, puisque les maçonneries en élévation des piles devaient prendre naissance à 2 mètres en contre-bas de cet étiage.

A partir de cette époque, on se borna à mettre des moellons bruts sans hourdage, au-dessus de ces maçonneries, pour augmenter la surcharge.

Les maçonneries en brique hourdées en ciment romain furent aussi terminées le 10 mai; leur cube pouvait être évalué à 49 mètres par caisson, soit pour les quatre caissons à 196 mètres, dont le poids, à raison de 1,700 kilogrammes par mètre cube, était de 333,200 kilogrammes.

Le 19 mai, la profondeur d'immersion des caissons était de 19^{m},61 au-dessous des eaux du Rhin (16^{m},81 en contre-bas de l'étiage). On laissa entrer les eaux au-dessus des maçonneries, dans le batardeau formant le prolongement du coffrage en bois, et on augmenta ainsi successivement la surcharge.

L'opération a été terminée enfin le 28 mai, à neuf heures du soir.

La profondeur totale d'immersion des caissons était ledit jour de.. .	22^{m},18
Au-dessous de l'étiage.	20^{m},06
La sous-pression était de.	3,444^{m},554
Et la charge pour la contre-balancer, de..	6,075^{m},059

L'opération de fonçage avait donc duré pendant 68 journées de 16 heures de travail, en laissant de côté le temps employé pour l'exécution des maçonneries dans l'intérieur des caissons ; mais le travail effectif n'avait été, en réalité, que de 53 jours et 2 nuits.

La moyenne de fonçage, calculée pour trois périodes de travail effectif de 18 jours, a été, savoir :

Pour la première période de..	0^{m},40	par jour
— deuxième — de..	0^{m},267	
— troisième — de..	0^{m},330	

Cette moyenne, pour les cinquante-cinq journées de travail effectif, a été de.	0^{m},334
En ne calculant que le cube de gravier déplacé par les caissons, il n'aurait dû être que de.	3,044^{m},21
Le cube de gravier extrait a été en réalité de.	4,968^{m},77
Ce qui fait un excédant dans la proportion de.	1 à 1^{m},63
Cet excédant n'avait été, dans la première période de dix-huit jours de travail effectif, que de.	1 à 1,21
Dans la deuxième période, de..	1 à 1,57
Et dans la troisième période, de..	1 à 2,28

Il résulte d'abord de ces faits que les dragues ramenaient des graviers provenant de l'extérieur des caissons; les dépressions qui ont eu lieu dans le lit du fleuve, au pourtour de la pile en construction, justifient suffisamment la différence de 1924^{m},56 entre le cube de graviers déplacé par les caissons, et le cube réellement extrait.

Les différences dans les proportions des excédants s'expliquent facilement, outre la différence des charges, par la nature des terrains traversés.

Dans la première période, en effet, on a trouvé, à une profondeur de 6 mètres, sur une épaisseur de $2^{m},50$ environ, un terrain argileux mêlé de fascines, dont le dragage a été très-difficile, parce qu'il fallait mettre en pièces tous les branchages enchevêtrés pour pouvoir les extraire.

Dans la troisième période, au contraire, on a rencontré, à une profondeur de 17 mètres au-dessous de l'étiage, une couche de sable limoneux mêlé d'argile avec peu de gravier, dans laquelle les caissons s'enfonçaient très-facilement, et qu'il a fallu traverser pour asseoir les fondations sur un terrain plus solide.

D'après la convention internationale du 16 novembre 1857, la profondeur des fondations des piles en rivière pouvait être restreinte à 15 mètres au-dessous des plus basses eaux; c'était un minimum qui pouvait être dépassé évidemment, s'il y avait intérêt à le faire pour se mettre à l'abri de toutes chances d'accidents, et, dans les projets présentés à l'approbation des deux gouvernements, nous avions admis une profondeur de 20 mètres, pour avoir la possibilité de l'atteindre, si la nécessité en était reconnue en cours d'exécution.

L'administration des ponts et chaussées du grand-duché de Bade avait insisté vivement pour que la limite minima ne fût pas dépassée, en faisant observer que, la composition du sol devant être toujours à peu près la même, à une profondeur indéfinie, il devait paraître rationnel, pour éviter des dépenses et des pertes de temps inutiles, que les fondations ne fussent pas poussées à une profondeur de plus de 15 mètres, et que cette opinion était partagée, du reste, par MM. les ingénieurs des deux pays qui s'étaient le plus occupés du régime des eaux du Rhin.

La Compagnie des chemins de fer de l'Est objecta qu'il s'opérait dans le lit de ce fleuve des affouillements considérables en temps de crue, notamment en amont des obstacles apportés à l'écoulement des eaux; que des sondages faits sur divers points, à une certaine distance en aval, comme à l'amont du pont de Kehl, avaient fait reconnaître des affouillements s'étendant jusqu'à 17 mètres au-dessous des plus basses eaux, et que, dans une telle situation, il était prudent de descendre au-dessous des plus bas affouillements connus.

A l'appui de cette opinion, M. Piobert, général du génie et membre de l'Institut de France, avait indiqué qu'il avait vu, étant en garnison à Strasbourg, les palées en charpente de l'ancien pont de Kehl, et que ces palées avaient été enlevées successivement en temps de crue.

Après quelques discussions à cet égard, les deux administrations s'étaient mises d'accord pour atteindre la profondeur de 18 mètres. Ce qui s'est passé a prouvé qu'il avait été sage d'agir ainsi, puisque, arrivé à cette profondeur, on a rencontré une couche de sable ne présentant pas assez de solidité pour y asseoir les fondations de la pile-culée de la rive française, et qu'il a été jugé nécessaire de traverser ce terrain pour éviter toute chance d'accidents. On a donc été conduit, en définitive, à descendre jusqu'à la profondeur de 20m,06, celle qui était prévue, du reste, dans le projet primitif, et qui a été admise aussi pour les autres piles en rivière.

Nous avons indiqué qu'au commencement de l'opération de fonçage, il n'y avait que quatre machines soufflantes prêtes à fonctionner; le cinquième appareil, machine Cail de 25 chevaux, a été installé plus tard.

Les cinq machines n'ont jamais fonctionné, du reste, simultanément; leur marche, avant et pendant les 68 journées de durée de l'opération de fonçage, peut être résumée comme suit :

Machine Cail, n° 1. . .	73 journées.
— — n° 2. . .	71
— Flaud, n° 3. . .	41
— — n° 4. . .	23
— Cavé, n° 5. . .	56

La plus grande consommation d'air s'est produite à la profondeur d'immersion des caissons de 12 mètres à 15 mètres, et c'est alors que l'on a tenu en marche trois et même quatre machines, tandis qu'au delà de cette profondeur, et jusqu'à la profondeur totale atteinte dépassant 22 mètres, les deux machines Cail ont suffi parfaitement.

Cette anomalie peut s'expliquer facilement : jusqu'à la profondeur de 15 mètres, en effet, il y avait une déperdition assez notable d'air qui passait au-dessous des caissons, suivait leurs parois extérieures et venait bouillonner à la surface de l'eau.

Cette déperdition ayant cessé lorsque la profondeur de 15 mètres a été atteinte, il a fallu envoyer une quantité d'air moins considérable pour maintenir le degré voulu de compression.

On a remarqué qu'il n'y a jamais eu de fuites sensibles à travers les joints des caissons, des cheminées et des chambres à air. Lorsqu'il se manifestait, du reste, une fuite accidentelle, il suffisait d'employer une poignée de mortier de ciment pour l'éteindre instantanément; ce ciment adhérait au fer avec une très-grande force et on ne pouvait le détacher qu'avec le plus grand effort, aussitôt qu'il avait fait prise.

Les caissons étant à profondeur, il fallait compléter les fondations en les remplissant en maçonnerie, et en comblant aussi le vide des cheminées, dans le massif de 14^{m},60 de hauteur au-dessus des caissons.

Comme opération préliminaire, il y avait à enlever les norias des cheminées de service, et ce premier travail a été exécuté rapidement.

On a commencé immédiatement après le remplissage des vides existant encore dans les caissons après l'exécution des maçonneries entre les contre-forts.

Il a été placé à cet effet, dans la cheminée à air, des tuyaux en zinc, de 0^{m},30 de diamètre, s'étendant des chambres à air, jusqu'en contre-bas de la partie intérieure des cheminées; du béton de ciment était fabriqué à l'extérieur; il était mis dans des paniers ou seaux à incendie, qu'on faisait entrer, par les trous d'homme, dans les sas à air, et dont on versait le contenu dans les tuyaux en zinc ci-dessus indiqués ; des ouvriers répartissaient ensuite ce béton dans le bas des caissons.

Pour le remplissage des vides laissés par les cheminées d'eau, on s'est servi de caisses ordinaires d'immersion.

Lorsque les caissons ont été ainsi remplis, jusqu'à la hauteur des embases des cheminées, on a procédé à l'enlèvement des viroles en tôle dont elles étaient formées, et on a complété immédiatement après le remplissage des vides.

Les dispositions de détail relatives à ces opérations sont indiquées dans le dessin principal de la planche n° XIII.

Les vides des cheminées centrales des caissons extrêmes n'ont pas été comblés parfaitement toutefois ; on s'est arrêté à une certaine hauteur, dans la partie supérieure, pour pouvoir y placer les lanternes des pompes dont on s'est servi pour épuiser l'eau, au-dessus des maçonneries de fondations, et maintenir à sec l'espace entre les batardeaux extérieurs. On a pu construire ainsi les socles en pierre de taille et les maçonneries en élévation, comme l'indiquent les dessins de la planche n° XIII, où l'on trouve aussi les détails relatifs à l'installation des machines d'épuisement.

Nous nous bornerons à ces indications relativement à l'exécution des maçonneries en fondation et en élévation de la pile-culée de la rive française, les travaux restant à exécuter, rentrant dans les conditions ordinaires.

Nous ne terminerons pas, toutefois, sans faire observer que le résultat obtenu pour cette pile, est déjà une solution certaine du problème que nous nous étions proposé de résoudre, en appliquant le système nouveau aux fondations du pont du Rhin. Nous indiquerons, en rendant compte des travaux de construction des autres piles, les modifications qui ont été apportées successivement, pour rendre plus simple, et en conséquence plus économique et plus pratique, l'application de ce système.

§ 2. — Pile-culée de la rive badoise.

Il a été indiqué déjà que le pont de service avait été continué pendant la construction de la pile-culée de la rive francaise; ce pont de service fut achevé dans le courant du mois de mars.

On a établi rapidement aussi les vannages d'enceinte de la pile culée de la rive badoise, les plates-formes inférieures et supérieures dans l'emplacement de cette pile, le plancher provisoire pour le montage des caissons, le hangar recouvrant le chantier, et enfin, les voies de fer et les grues roulantes, nécessaires pour l'exécution des travaux. Ces dispositions ont été en tous points les mêmes que celles admises pour la pile-culée de la rive française.

Caissons en fer.

La pile-culée de la rive badoise devant être exactement semblable à la pile-culée de la rive française, des dispositions avaient été prises à l'avance, pour l'établissement de quatre caissons de même forme et dimensions que les quatre premiers.

Ces caissons avaient parfaitement résisté à la surchage des maçonneries supérieures. Il ne s'était produit aucune flexion ; on ne pouvait pas attribuer ce résultat au briquetage opéré dans le compartiment des plafonds, car ces maçonneries n'avaient été exécutées qu'en dernier lieu, et après l'achèvement de celles des parois verticales.

Ces parois avaient aussi résisté aux pressions latérales, du moins à partir de la première ceinture horizontale, jusqu'à la partie supérieure; il en avait été de même des contre-forts verticaux; mais, dans plusieurs angles, les tôles comprises entre la première ceinture et le bas du caisson avaient fléchi d'une manière sensible, comme nous l'avons indiqué déjà.

Pour prévenir des détériorations semblables dans les autres caissons, on a ajouté une cornière dans le bas, et on y a superposé, dans les angles, une feuille de tôle de même épaisseur que celles composant les caissons. Il fut aussi entendu qu'on commencerait les briquetages dans l'intérieur des caissons en même temps que l'opération de fonçage.

Les quatre caissons, ainsi constitués, ont pu être montés sur le plancher provisoire, au-dessus de leur emplacement définitif, pendant l'exécution des travaux de fondations de la pile-culée de la rive française.

On sait que, d'après le projet approuvé, chacun des caissons en fer, composant la base des fondations de la pile, devait être surmonté d'un coffrage ou cuvelage en bois, et devait être enfoncé séparément des autres, mais le plus régulièrement possible.

L'expérience a conduit à apporter d'importantes modifications à ce mode de procéder.

Et d'abord, pour descendre les caissons en fer, du plancher provisoire sur lequel ils avaient été achevés, jusque sur la plate-forme horizontale qui leur avait été préparée dans le lit du fleuve, il avait été reconnu indispensable de les réunir entre eux, d'une manière provisoire, afin d'assurer la parfaite régularité de cette première et importante opération, en maintenant la juxtaposition des caissons.

Il devait paraître rationnel de maintenir cette liaison provisoire des caissons, tant qu'il n'en résulterait aucun inconvénient, puisque son avantage évident était d'assurer la simultanéité de la descente des quatre caissons contigus, et il en a été ainsi, jusqu'à la fin de l'opération de fonçage de la pile-culée de la rive française.

On avait reconnu ainsi que la réunion des quatre caissons offrait plus d'avantages que d'inconvénients, et il resta entendu que, pour les autres piles, les caissons préparés d'avance, dans l'hypothèse de leur séparation, seraient reliés ensemble d'une manière plus complète. Il fut décidé en même temps, qu'il serait établi entre eux des communications, de telle sorte que les ouvriers pussent passer d'un caisson dans l'autre. Cette disposition nouvelle avait le double but d'offrir plus de garantie de sécurité en cas d'accident dans un caisson, et de permettre une plus grande surveillance pour le travail des ouvriers et pour la régularité de l'opération.

En ce qui concerne les coffrages en bois superposés aux caissons en fer, leur emploi n'avait été qu'une source d'embarras et de difficultés. Il n'avait pas été facile, en effet, de monter les charpenteries de ces coffrages, au milieu des ouvriers qui travaillaient, soit à transporter à pied d'œuvre des matériaux de toute espèce, soit à la fabrication du mortier, soit enfin à l'exécution des maçonneries, au-dessus des caissons; il était arrivé aussi que des pièces de bois destinées à ces coffrages étaient tombées dans les cheminées de service, et avaient déterminé des détériorations assez considérables aux norias.

D'un autre côté, il avait paru certain que le frottement des graviers sur les madriers en sapin, formant la partie extérieure de ce coffrage, avait été une cause principale de la durée considérable du fonçage des caissons de la première pile, qui, d'après les prévisions premières, aurait dû être opéré en vingt jours de travail effectif, et qui, en réalité, n'a eu lieu qu'en 55 jours de travail effectif.

Les effets, et l'on peut même dire les inconvénients de ces frottements avaient été prévus à l'avance, puisque, pour y obvier, il avait été approvisionné des feuilles de tôle de $0^{m},003$ d'épaisseur, pour revêtir les madriers à l'extérieur; mais, par des motifs d'économie, on n'avait employé que sur une hauteur de $2^{m},80$ ces tôles, dont on devait avoir un emploi plus utile, comme on l'indiquera plus loin.

On avait même cessé, du reste, aux deux tiers environ de la hauteur, le revêtement en madriers de sapin de la partie des coffrages en bois sur les surfaces en contact, en ne conservant ainsi que le revêtement des surfaces extérieures, de telle sorte en définitive que, pour le complément des maçonneries, il n'avait été formé qu'un seul massif de maçonneries au-dessus des quatre caissons.

Dans cette situation, il fut arrêté que les coffrages en bois seraient complétement supprimés pour les autres piles, et qu'on se bornerait à construire le massif de maçonnerie au-dessus des caissons, sans autre précaution que de le parementer en libage ou en moellon smillé de grès des Vosges.

Il y avait toutefois une disposition toute spéciale à prendre pour les fondations de la pile-culée de la rive badoise, qui se trouvait dans le thalweg du fleuve.

La plate-forme horizontale, qui avait été établie dans le lit du fleuve à l'emplacement définitif des caissons, était à une profondeur telle que les caissons devraient être submergés, en atteignant cette plate-forme, et il était à craindre que cette submersion ne devînt plus considérable dans le cas d'une crue subite.

D'un autre côté, il n'était pas possible d'exécuter, sur une trop grande hauteur, des maçonneries au-dessus du plafond des caissons, avant qu'ils fussent descendus sur le sol, parce que les verrins auraient eu à supporter une charge trop considérable.

Dans cette situation, on prit le parti d'établir au-dessus des caissons une espèce de bac en tôle de $2^m,80$ de hauteur, appuyé sur des cadres en charpente, disposés comme pour le coffrage en bois, et on a employé à cet effet les tôles qui avaient été approvisionnées d'abord pour le revêtement à l'extérieur des madriers de sapin des coffrages en bois.

Cheminées d'air. — Cheminées de service.

Les cheminées d'air avaient parfaitement fonctionné pour l'exécution des fondations de la première pile-culée, et, en conséquence, il n'y avait pas lieu de modifier leurs dispositions d'ensemble et de détail.

Il n'en était pas de même des grandes cheminées de service. Les godets et les chaînes des norias s'étaient accrochés souvent dans ces cheminées, malgré toutes les précautions qui avaient été prises pour obvier à cet inconvénient; les chaînes avaient même été brisées, et il en était résulté des interruptions de travail assez fréquentes.

Il devait suffire, pour prévenir le retour de ces accidents, de donner à la cheminée la forme d'une ellipse, dont le grand axe serait dans une direction parallèle à l'axe du fleuve, et d'en supprimer les tôles.

Il avait été question d'abord de laisser tout simplement le puits de béton de ciment, dont les parois s'étaient maintenues parfaitement verticales; mais, dans l'exécution, ces parois furent revêtues de briques posées de champ et hourdées en ciment romain.

On avait placé, à la naissance des cheminées d'eau, des robinets de sortie d'air pour la ventilation. Le but qu'on s'était proposé en les établissant a été atteint, et ces robinets ont été fort utiles; mais leur nombre étant un peu restreint, il a été augmenté pour les autres piles. Une bonne ventilation dans les caissons est très-utile pour détruire, autant que possible, les inconvénients résultant de la fumée intense produite par les bougies d'éclairage, lorsque la pression est un peu forte. Cette fumée est, du reste, beaucoup moindre avec la bougie qu'avec tout autre système d'éclairage.

Fonçage de caissons.

Toutes les dispositions nécessaires pour opérer le fonçage des caissons de la pile-culée de la rive badoise avaient été terminées le 18 juillet, et dès cette époque on se mit à l'œuvre pour soulever les caissons au moyen des verrins qui avaient été placés aux quatre angles comme pour la première pile, pour enlever le plancher provisoire sur lequel ils avaient été montés, et pour les faire descendre sur la plate-forme qui leur avait été préparée dans le lit du fleuve, à leur emplacement définitif.

Cette opération préliminaire a été terminée le 25 juillet; l'installation des norias a été complétée le 27 dudit mois, et pendant les journées des 28, 29 et 30, ces machines ont marché, pour commencer le fonçage, sans la coopération des ouvriers tubistes.

Du 30 juillet au 9 août, après l'épuisement des eaux qui se trouvaient dans le bac, au-dessus des caissons, des ouvriers ont été occupés à exécuter la maçonnerie au-dessus du plafond des caissons, à monter les cheminées de service et les cheminées à air avec leur sas, et à placer enfin les conduites d'air entre les caissons et les cinq machines soufflantes.

Les machines soufflantes avaient fonctionné dès le 6 août dans l'après-midi, et les caissons étaient vides dans la soirée; des ouvriers avaient été employés à nettoyer l'intérieur des caissons pendant les journées des 7 et 8 dudit mois, et enfin, le 9, à 5 heures du matin, la situation était comme suit :

Profondeur des caissons au-dessous de l'eau, qui était, ledit jour, à 2m,02 au-dessous de l'étiage. 5m,56
Enfoncement des caissons dans le gravier. 2m,34
Hauteur des maçonneries en dessus du plafond des caissons. 4m,62
L'eau ayant été repoussée de l'intérieur des caissons, la sous-pression était de. 1,020,321k
Et la charge pour la contre-balancer de. 1,881,870k

Les maçonneries dans l'intérieur des caissons ont été commencées dans la même journée du 9 août, et les ouvriers maçons ont travaillé assez régulièrement, à partir de cette époque, 16 heures par jour.

Les ouvriers tubistes ont été installés aussi le même jour dans l'intérieur des caissons, et, sauf les journées de chômage, ils ont travaillé assez généralement de 5 heures du matin à 9 heures du soir, divisés en deux équipes, se relevant de 4 heures en 4 heures, de sorte que le travail effectif de chaque ouvrier n'était, en définitive, que de 8 heures par jour.

Il a été tenu, pour la pile-culée de la rive badoise, un journal de fonçage, comme pour la pile culée de la rive française. Le tableau formant la dixième annexe donne le résumé des indications de ce journal par journée de travail.

Nous ne rentrerons pas dans tous les détails de l'opération ; nous nous bornerons à en signaler les divers incidents, comme nous l'avons fait pour la première pile.

Les changements des chambres à air d'une cheminée à l'autre, pour l'addition de viroles, et le changement des verrins, pour l'allongement de leurs tiges, ayant eu lieu sans qu'il en résultât aucune suspension de travail, nous nous dispenserons de les relater.

Les maçonneries au-dessus des caissons ne s'exécutant pas assez vite, et proportionnellement à leur enfoncement quotidien, on a dû arrêter les norias pendant une partie des journées des 12, 14 et 15 août; des dispositions ont été prises dès lors pour que ces suspensions de travail momentanées ne se renouvelassent plus.

Dès le 21 août, les maçonneries dans l'intérieur des caissons étaient tellement avancées qu'il ne restait à les compléter que dans les angles; leur cube total était de 176 mètres, représentant un poids de 299,200 kilogrammes. Ces travaux furent suspendus à partir de cette époque.

Le 26 août, la rupture de la chaîne de la noria du troisième caisson a déterminé une suspension de travail pendant toute la journée.

Le 31 août, on a trouvé, à une profondeur de $14^{m},25$ au-dessous de l'étiage, des maillons de chaîne, de gros clous, des débris de fer à cheval, un couteau, des morceaux de fonte, etc.

Les maçonneries au-dessus des caissons étaient à une hauteur telle, le 1er septembre, qu'on a posé les premières pierres du soubassement du socle de la pile.

Le 3 septembre, un léger bombement ayant été constaté dans les tôles, à la proximité des angles, on a repris les maçonneries dans l'intérieur des caissons pour les compléter dans les angles. Le cube total de ces maçonneries a été, en définitive, de $196^{m3},49$; le poids de ces maçonneries était en totalité de 333,200 kilogrammes.

A partir du 7 septembre, et jusqu'à la fin de l'opération, les ouvriers tubistes ont travaillé jour et nuit, à l'exception de la journée du dimanche 11 dudit mois.

Les cinq assises du soubassement du socle ayant été complétées le 8 septembre, on a commencé l'établissement du batardeau nécessaire pour pouvoir, après épuisement, exécuter la maçonnerie en élévation.

Ce batardeau, dont la planche n° XII indique les dispositions d'ensemble et de détail, ainsi que nous l'avons indiqué déjà, a été terminé le 14 septembre, et le même jour, à 5 heures du matin, l'opération de fonçage était terminée, les caissons ayant atteint la limite maxima d'immersion, fixée à 20 mètres au-dessous de l'étiage, comme pour la première pile.

Cette opération a été faite ainsi en 36 jours (du 9 août au 14 septembre au matin), et en 31 journées de travail effectif, en tenant compte des 5 journées de chômage.

Le nombre total des heures réelles de travail pendant ces 31 journées n'a même été que de $340^{h},90$, ce qui ne donne même qu'une moyenne de 11 heures de travail par jour.

En divisant ces $340^{h},90$ de travail, ou, en nombre rond, 342 heures en trois périodes de

114 heures chacune, on trouve que, dans la première période, l'enfoncement des caissons a été, par heure, de. 0m,082

Dans la deuxième période, de. 0m,027

Et dans la troisième période, de.. . . . . 0m,032

Ce qui fait une moyenne par heure de. 0m,047

Et par jour de. 0m,517

Le cube total de gravier extrait par les norias a été de. 4725m,93

Le cube déplacé par les caissons n'ayant été que de. 2725m,58

La différence est dans la proportion de.. . . . . 1 : 1,72

En ne considérant que le cube extrait avec la coopération des ouvriers tubistes, qui est de. 4,169m,07

Et le cube déplacé dans la même hypothèse.. . . . . 2,600m,77

La différence n'est que dans la proportion de. . . . . 1 : 1,43

Cette proportion a été, dans la première période de 114 heures, de. . . . 1 : 1,53

Pendant la deuxième période, de. . . . . 1 : 1,62

— la troisième — de.. . . . . 1 : 1,75

Jusqu'à 14m,50 de profondeur, le gravier était très-pur et très-facile à draguer; il était très-compact et même entremêlé d'argile de 14m,50 à 17m,50; il était plus fin, au contraire, au delà de 17m,50.

La dépression considérable qui s'est produite dans le lit du fleuve au pourtour des vannages d'enceinte, et même à l'intérieur de ces vannages, indique suffisamment la différence de 1800m,35 entre le cube de gravier extrait et celui réellement déplacé par les caissons. Cette dépression a été telle que le lit du fleuve s'était abaissé pendant l'opération de fonçage, savoir :

Vers le milieu de la pile, de. 4m,30
A l'extrémité amont, de. 0m,80
Et de l'extrémité aval, de. 1m,50

Il en est même résulté un affaissement de 0m,08 environ dans le niveau des plates-formes inférieure et supérieure.

Le remplissage des caissons, des vides des cheminées d'air et des cheminées de service, s'est opéré, comme pour la première pile, aussitôt après l'achèvement du fonçage; on a exécuté aussi, après épuisement des eaux dans le batardeau, les maçonneries en élévation dans les conditions ordinaires, comme l'indiquent encore les détails de la planche n° XII.

Nous ne terminerons pas sans dire quelques mots, et pour ne plus y revenir, relativement à l'emploi des verrins pour apporter la plus grande régularité possible dans la descente des caissons, et maintenir leur plafond dans un plan horizontal.

Des échelles fixes et divisées de centimètre en centimètre étaient placées en dehors du massif des maçonneries contre les pieux des vannages ; des échelles semblables adossées aux maçonneries, et partant du plafond des caissons, étaient prolongées au fur et à mesure de leur enfoncement. On pouvait donc, par la comparaison de ces échelles, vérifier à chaque instant la position réelle des quatre caissons, et, lorsqu'il résultait de cette comparaison la constatation d'un défaut d'horizontalité, on lâchait les verrins d'un côté, pendant qu'on les tendait d'un autre côté, pour les faire revenir à leur position normale.

Les cinq machines soufflantes n'ont pas été employées concurremment pendant le fonçage des caissons de la pile-culée de la rive badoise. Nous reviendrons plus tard, et dans un article spécial, sur le fonctionnement respectif de ces machines.

§ 3. — Pile intermédiaire de la rive française.

Aux termes de l'article 3 de la convention internationale conclue entre les gouvernements français et badois, chaque pile intermédiaire ne devrait avoir en élévation qu'une longueur de 12 mètres sur une largeur de 3 mètres, et, pour satisfaire à cette condition, les projets primitifs ne comprenaient, pour les fondations de chacune des ces piles, que l'emploi de trois caissons de 5^{m},50 de longueur sur 5^{m},80 de largeur.

Les cheminées devaient être disposées, dans ces caissons de dimensions réduites, autrement qu'elles ne l'étaient dans les caissons des piles-culées, dont la longueur, on se le rappelle, était 5m,80 et la largeur de 7 mètres.

Dans ces derniers caissons, en effet, la cheminée d'eau était au centre, et les cheminées d'air, à droite et à gauche de la cheminée centrale, sur une ligne normale au fleuve, leur axe à 1m,50 des bords extérieurs, comme l'indiquent les dessins de la planche VIII. Pour les petits caissons, la cheminée d'eau devait être reportée sur le côté, sur une ligne normale au fleuve, à 1m,625 du bord extérieur, et les deux cheminées d'air devaient être placées sur une ligne parallèle au fleuve, à 1m,98 du bord opposé, avec une distance de 2m,35 d'axe en axe.

Avec l'emploi des norias, cette disposition des cheminées aurait présenté des inconvénients très-graves, en ce sens, notamment, qu'en opérant les dragages sur le côté des caissons, il aurait pu en résulter des déversements, dont il eût été difficile d'annuler les effets. Il n'est pas besoin de faire observer, d'un autre côté, que les ouvriers tubistes auraient eu beaucoup de gêne à ramener, dans les godets des norias, les déblais à extraire du côté opposé aux cheminées d'eau.

Dans le système admis et expérimenté déjà, il y avait donc nécessité absolue, pour ainsi dire, de placer les cheminées d'eau dans le centre de chaque caisson.

Les dispositions prises pour l'installation des norias exigeaient aussi que les cheminées d'air fussent placées en dehors de l'axe longitudinal des caissons, ou, pour mieux dire, de l'axe parallèle au fleuve.

Il n'était pas possible de remplir ces conditions, avec l'emploi, pour les fondations des piles intermédiaires, de trois caissons de chacun 5m,50 de longueur sur 5m,80 de largeur, conformément aux projets primitifs.

Il avait été question un instant de n'employer, pour ces piles, que deux caissons de 8m,20 de longueur sur 5,m80 de largeur, dans lesquels les cheminées d'eau auraient été placées au centre, et les cheminées d'air sur une ligne tirée d'un angle à l'autre; mais il fallait faire une nouvelle expérience de la forme des caissons, et il était à craindre qu'en présentant à l'action de la poussée latérale des surfaces plus grandes que celles des premiers caissons, il n'en résultât des déformations notables. On n'aurait pu prévenir cet effet qu'en multipliant les armatures et les contreventements, mais alors les ouvriers auraient été excessivement gênés pour le travail dans les caissons.

L'emploi de deux caissons au lieu de trois aurait aussi déterminé une modification complète dans l'installation des norias.

Dans cette situation, nous avons pris le parti d'employer pour les piles intermédiaires trois caissons de mêmes forme et dimensions que les caissons des piles-culées, avec les mêmes dispositions pour les cheminées, les contreforts et les ceintures intérieures; nous avons atteint ainsi un double but : celui de profiter des expériences acquises, en ne courant pas la chance d'en faire de nouvelles, et celui d'éviter toute perte de temps dans la commande des tôles et dans la confection des caissons, puisque les maîtres de forges et les monteurs n'avaient qu'à livrer et confectionner comme ils l'avaient fait déjà.

L'emploi de *trois* caissons au lieu de *quatre* a donc été la seule différence importante entre les piles intermédiaires et les piles-culées.

Ces caissons, leurs cheminées d'eau, leurs cheminées d'air, les machines soufflantes, les appareils de dragage, ont été disposés comme ils l'étaient pour la pile-culée de la rive badoise; il en était de même des vannages d'enceinte, des plates-formes supérieure et inférieure, et l'on avait reporté sur cette dernière plate-forme le hangar de la pile-culée de la rive française.

Toutes ces dispositions, nécessaires pour commencer le fonçage des caissons de la pile intermédiaire de la rive française, ont été terminées dans les premiers jours d'octobre 1859, et le 12 dudit mois les caissons étaient descendus sur la plate-forme qui leur avait été préparée dans le lit du fleuve, à leur emplacement définitif.

Le lendemain 13, on a commencé à maçonner au-dessus du plafond des caissons, et, pendant les journées des 14, 15 et 16, on a fait marcher les norias sans la coopération des ouvriers tubistes.

Les machines soufflantes avaient fonctionné dès le 15, à cinq heures du soir, et le 16, à six heures du soir, on a commencé définitivement l'opération de fonçage avec l'air comprimé.

A ce moment, la situation pouvait être résumée comme suit :

Profondeur d'immersion des caissons au-dessous de l'eau, qui était à ce moment à 0m,85 en contre-bas de l'étiage. 2m,86

Enfoncement des caissons dans le gravier. 0m,78

Hauteur des maçonneries au-dessus du plafond des caissons. 2m,85

L'eau ayant été repoussée de l'intérieur des caissons, la sous-pression était de. 325,182 k

Et la charge pour la contre-balancer de. . . . . 543,058 k

Nous relaterons maintenant les divers incidents de l'opération, consignés dans le journal de fonçage, dont l'annexe n° XI donne le résumé par journée de travail effectif.

Dès le premier jour, il s'était manifesté à la jonction des cheminées d'eau avec le plafond des caissons des fuites d'air tellement fortes qu'il était extrêmement difficile de faire monter la pression. On a dû employer des ouvriers monteurs dans l'intérieur des caissons pour faire disparaître ces pertes.

Le 17 octobre, on a trouvé, à 2m,65 au-dessous des basses eaux, un pieu en chêne de 6 mètres de longueur et de 0m,40 de diamètre; il était engagé sous les parois des caissons nos 2 et 3, en longeant la cheminée d'eau du caisson du milieu; on a dû le scier en trois morceaux pour pouvoir l'arracher et l'extraire des caissons.

Le 18 octobre, un autre pieu de même longueur que le premier et de 0m,35 de diamètre, a été rencontré à 3m,50 en dessous de l'étiage, dans le caisson n° 3; il sortait, en amont de ce caisson, de 1m,30 environ et s'étendait dans l'intérieur en touchant la cheminée d'eau.

Les ouvriers tubistes ont extrait, le 20 octobre, deux ancres de marine des bateaux du Rhin, l'une dans le caisson du milieu, à 5 mètres au-dessous de l'étiage, et l'autre dans le caisson n° 1, à 5^{m},40 au-dessous du même niveau.

Les changements des chambres à air d'une cheminée à l'autre, ainsi que l'allongement des tiges des verrins, s'opéraient comme pour la pile-culée de la rive badoise, sans qu'il en résultât aucune suspension de travail. Au troisième changement des chambres à air, le 27 octobre, un des clapets du caisson extrême à l'aval est tombé, pendant la manœuvre, dans le puisard de la cheminée d'eau et a été ramené à l'extérieur dans un des godets de la noria. Les cheminées d'air n'ayant pas des dimensions suffisantes pour le laisser passer, on s'est servi de la cheminée d'eau pour le faire redescendre dans les caissons.

Les maçonneries en briquetage dans l'intérieur des caissons, qui avaient été commencées le 18 octobre, ont été terminées le 28.

Depuis le commencement de l'opération de fonçage jusqu'audit jour, 28 septembre, les tubistes et les maçons avaient travaillé alternativement dans les caissons, les tubistes pendant huit heures par jour, et les maçons pendant douze heures.

Une dépression assez considérable dans le lit du fleuve s'étant opérée successivement, on a fait, le 28 septembre, une réduction sur le chiffre de l'enfoncement des caissons dans le gravier pour obtenir plus d'exactitude dans l'indication de la surface de frottement.

Du 1er au 6 novembre inclusivement, les norias n'ont pas fonctionné, par suite d'une crue assez forte dans le Rhin; le niveau des eaux avait atteint la hauteur de 4 mètres au-dessus de l'étiage; les maçonneries au-dessus du plafond des caissons étaient submergées.

Le 5 novembre, on a enlevé toutes les viroles d'une cheminée à air par caisson, pour les reporter sur les caissons de la pile intermédiaire de la rive badoise, de manière à gagner du temps pour l'exécution des fondations de cette pile.

La crue dans le Rhin ayant déterminé un certain amoncellement de gravier autour de la pile, on a dû faire le 7 novembre une opération inverse à celle du 28 octobre, en augmentant le chiffre d'enfoncement des caissons dans le gravier pour avoir l'indication exacte de la surface de frottement.

Depuis le même jour, 7 novembre, jusqu'à la fin de l'opération, on a laissé couler dans le Rhin les produits de dragages opérés dans l'intérieur des caissons, parce que les eaux étaient trop fortes pour permettre le mouvement des bateaux marie-salope.

Le 10 novembre, il s'est opéré un déversement dans le massif de maçonnerie de la pile, de l'est à l'ouest, par suite de l'amoncellement de gravier qui s'était opéré du côté est.

La masse, qui a été ainsi mise en mouvement, présentait alors une longueur de 17^{m},50 sur 7 mètres de largeur et 20 mètres de hauteur, formant un cube de 2450 mètres d'un poids d'environ 4,354,000 kilogrammes, composé de 4,203,600 kilogrammes en maçonnerie, et 150,400 kilogrammes pour les caissons, leurs cheminées et autres accessoires. L'effet produit a été sans importance, mais il suffit pour faire juger de l'extrême mobilité des graviers du Rhin. — Nous aurons à revenir ultérieurement sur cette question.

L'opération du fonçage a été terminée le 16 novembre, à trois heures de l'après-midi ; la profondeur totale d'immersion des caissons était alors de 22^{m},10, les eaux du Rhin se trouvant à 2^{m},05 au-dessus de l'étiage, de telle sorte que le fond des caissons se trouvait à 20^{m},05 en contre-bas de ce niveau.

La durée de l'opération a été de 31 jours, mais il n'y a eu en réalité que 25 journées de travail effectif, et les tubistes n'ont même été occupés dans les caissons que 264 heures pendant ces 25 journées, de telle sorte que la moyenne du travail par jour n'a été que de 10^{h},56.

L'enfoncement des caissons a été, moyennement par heure, de.	0^{m},076
Et, par journée de travail effectif, de.	0^{m},80
Le cube de gravier extrait a été de.	3,830^{m},74

Et le cube déplacé par les caissons, de 2,343m,73

En ne tenant compte que des graviers enlevés par les ouvriers tubistes, le cube extrait n'est que de 3,735m,74

Et le cube déplacé, de 2,251m,36

Ce qui donne une différence dans la proportion de . . . . 1 : 1,65

Jusqu'à 8m,15 de profondeur, cette proportion n'avait été que de . . . . . . 1 : 1,30

Et de 8m,15 à 14 mètres id. id. . . . . 1 : 1,62

Le gravier était très-pur, jusqu'à la profondeur de 16 mètres; mais, au delà, le sable était beaucoup plus fin.

Le remplissage des caissons et des vides des cheminées, et la construction des maçonneries en élévation, ont été exécutés comme on l'avait fait pour les deux premières piles.

Il s'est produit, toutefois, pendant le remplissage des caissons, un effet assez extraordinaire, qu'il est nécessaire de relater.

Dans la nuit du 23 au 24 novembre, la pression s'étant élevée rapidement dans les caissons, par suite d'un envoi d'air trop abondant, le béton qui entourait déjà la base des cheminées d'eau a cédé brusquement sur un point et une forte colonne d'eau a été lancée, par une de ces cheminées, jusqu'au toit du hangar, qui a été enlevé.

Il est assez facile d'expliquer cet accident, ou pour mieux dire cet incident :

Pendant l'opération du fonçage, l'air qui peut être envoyé en excès dans les caissons passe en dessous de leurs bords inférieurs et vient s'échapper en bouillonnant à la surface de l'eau, en suivant les parois extérieures des caissons et des maçonneries de fondations.

Il n'en est plus de même lorsque l'opération de fonçage est terminée, et qu'on remplit les caissons de béton : ce béton, lorsqu'il a atteint une certaine hauteur au pourtour des caissons, intercepte toute communication de l'intérieur à l'extérieur, mais l'air en excès peut encore venir s'échapper pendant quelque temps par les cheminées de service, en passant à travers l'eau qui les remplit, et en venant bouillonner à la surface.

Ces fuites d'air, si l'on peut s'exprimer ainsi, ne peuvent plus avoir lieu enfin lorsque le béton a dépassé les bords inférieurs de la cheminée d'eau.

Dans l'espèce, il a fallu que l'air eût été envoyé en trop grande quantité, par suite d'un défaut de surveillance, et qu'il en soit résulté une pression d'un dixième d'atmosphère de plus que celle normale, pour que l'effet qui s'est manifesté se soit produit brusquement à la suite d'un fontis dans le béton, à la proximité de l'une des cheminées d'eau.

Une certaine quantité d'air comprimé s'est fait alors un passage dans cette cheminée, et a refoulé au dehors l'eau qu'elle contenait.

Le courant d'air qui s'est produit alors a éteint les bougies des ouvriers, au nombre de seize, qui travaillaient dans les caissons; ces ouvriers ont pu toutefois retrouver les clapets des cheminées d'air et remonter, sans blessure aucune, par les cheminées.

A huit heures du matin, ces ouvriers avaient repris leurs travaux comme à l'ordinaire, et ils étaient descendus dans les caissons, sans préoccupation aucune.

Pour éviter le retour d'un effet semblable, il a suffi de poser des tubes de sûreté qui, traversant le béton, ont maintenu la communication entre l'air des caissons et l'eau des cheminées centrales, et ont permis ainsi le dégagement constant de l'air envoyé en excès.

Nous ne terminerons pas sans faire une observation qui s'applique non-seulement à la pile que nous considérons, mais encore aux deux premières piles, ainsi qu'à la dernière : c'est que les dépressions qui se sont produites dans le lit du fleuve, pendant l'opération du fonçage, ont déterminé dans l'indication de profondeurs d'immersion dans les graviers des modifications qui pourraient présenter des anomalies inexplicables sans cette observation.

§ 4. — Pile intermédiaire de la rive badoise.

Les caissons de la pile intermédiaire de la rive badoise, leurs cheminées, les sas à air, et généralement toutes les dispositions d'exécution étant les mêmes que pour la pile intermédiaire de la rive française, nous nous bornerons à donner l'indication des divers incidents qui se sont présentés pendant l'opération de fonçage, dont les résultats, par journée de travail, se trouvent dans le tableau ci-annexé, numéro XII.

Les norias ont fonctionné à partir du 21 novembre 1859, sans la coopération des ouvriers tubistes, et il en a été ainsi jusqu'au 25 dudit mois inclusivement.

Les machines soufflantes ont refoulé l'eau des caissons dans la matinée du 26, et les ouvriers tubistes ont pu descendre le même jour dans l'intérieur des caissons.

Le 25 au soir, après le premier dragage préparatoire, la situation pouvait être résumée comme suit, savoir :

Profondeur d'immersion des caissons au-dessous de l'eau, qui se trouvait ce jour-là à 1m,17 au-dessus de l'étiage 4m,97
Enfoncement des caissons dans le gravier 1m,33
Hauteur des maçonneries au-dessus des plafonds des caissons 3m,50
L'eau ayant été refoulée de l'intérieur des caissons, la sous-pression était de. 565,089 k
Et la charge pour la contre-balancer de . . . . 1,033,780 k

Les maçonneries au-dessus des plafonds des caissons avaient été commencées le 14 novembre, mais les caissons ne touchaient encore le sol à ce moment qu'à l'aval, du côté de Strasbourg. La profondeur d'eau étant supérieure à la hauteur des caissons, on s'est borné d'abord à établir les maçonneries au pourtour, sur 1 mètre d'épaisseur et 2m,20 de hauteur, pour empêcher l'eau de submerger leur plafond, et on a pu alors compléter les maçonneries en faisant travailler les ouvriers à sec. On a évité ainsi l'emploi d'une espèce de bac en tôle, comme on l'avait fait pour la pile-culée de la rive badoise.

Dès les premiers jours du fonçage, le sol se trouvant plus élevé du côté ouest que du côté est, la pile s'est portée vers la rive badoise.

Pour rétablir l'équilibre, et ramener la pile vers la rive française, on avait d'abord versé du côté est du gravier transporté par waggon; on avait fait aussi essayer une ouverture à l'amont des vannages à l'ouest, dans l'espérance que la violence du courant produirait une dépression du sol de ce côté, mais cet expédient n'a produit aucun résultat. On a pris le parti enfin de laisser couler dans le Rhin, entre la maçonnerie et le vannage, le produit du dragage dans l'intérieur des caissons, et on a réussi non-seulement à arrêter le déplacement qui se produisait, mais encore à rétablir le massif de fondation et les caissons dans leur position à peu près normale; nous disons à peu près, parce qu'il est resté une légère obliquité dans l'axe.

Les travaux de fonçage, qui avaient été interrompus pour ces divers essais, les 29 et 30 novembre, ont été repris comme à l'ordinaire le 1er décembre.

Les maçonneries dans les caissons avaient été commencées le 30 novembre, elles ont été terminées le 8 décembre, à six heures du matin.

Le déplacement de la pile du côté ouest n'a pas permis de reporter les sas à air d'une cheminée à l'autre pour chaque caisson. Ces sas ou chambres à air ont été remontés successivement pour l'addition de nouvelles viroles sur les cheminées où elles avaient été montées d'abord, en interrompant momentanément le service.

Une crue assez forte, intervenue dans les eaux du Rhin, le 29 et le 30 novembre, n'ayant plus permis aux bateaux marie-salope d'aborder les vannages de la pile, on a laissé couler dans le lit, entre le massif de maçonnerie et l'enceinte, le produit des dragages dans l'intérieur des caissons.

Le dernier changement des chambres à air a eu lieu dans la journée du 10 décembre. Pendant la manœuvre de la chambre du caisson du milieu, la chaîne de la grue roulante s'est rompue, et la chambre est retombée sur un échafaudage établi sur la cheminée d'air ; elle n'a éprouvé dans le choc aucune espèce de détérioration, et il n'en est résulté aucun accident.

Le 14, à quatre heures du soir, il s'est produit dans le mouvement des caissons une forte secousse, qui a déterminé la rupture de trois tringles des verrins, dont la réparation s'est opérée rapidement.

Dans la journée du 17, la chemise en toile enveloppant la chaîne à godets, a été accrochée par un godet et elle a été entraînée au fond du puisard de la cheminée d'eau avec les cercles en fer qui la supportaient, en brisant la chaîne de la noria. Un plongeur a dû être employé pour retirer la toile avec ses cercles et une partie de la chaîne.

Le 20, à cinq heures du soir, le puisard de la cheminée d'eau du caisson d'amont s'est encore engorgé, et la chaîne de la noria s'est brisée. La tôle qui enveloppe les attaches des rouleaux s'est courbée de telle sorte qu'il y avait une difficulté très-grande à l'enlèvement de l'hélinde et de la chaîne. Un plongeur est descendu plusieurs fois pour les attacher à un câble ; mais à la cinquième descente, il est resté accroché entre l'échelle et l'hélinde, et ce n'est qu'avec la plus grande peine qu'on a pu le faire remonter.

Le 24 décembre, à six heures du soir, il s'est produit un dégagement d'air qui a éteint les bougies dans les caissons ; les ouvriers tubistes qui descendaient dans les caissons ont pu remonter dans les cheminées d'air, au moment où l'eau envahissait l'intérieur de ces caissons.

Ce dégagement d'air a occasionné une secousse qui a fait descendre les caissons à la cote de 20 mètres au-dessous de l'étiage, et l'on a arrêté l'opération de fonçage.

Cette opération, commencée le 26 novembre à six heures du soir, a été terminée ainsi le 24 décembre inclusivement, et elle a duré 28 jours; mais, en déduisant les chômages, il n'y a eu, en définitive, que 24 journées de travail effectif, pendant lesquelles les ouvriers tubistes n'ont même travaillé que 266 heures (11 heures en moyenne par jour).

La moyenne de la descente des caissons a été, par heure, de. 0m,075
Et par journée de travail effectif, de. 0m,82

La différence entre le cube de gravier extrait et celui déplacé par les caissons, a été à peu près dans la même proportion que pour la pile intermédiaire de la rive française.

Les procédés admis et les dispositions prises pour le remplissage des caissons et des vides des cheminées de cette dernière pile, et pour l'exécution des maçonneries en élévation, ont été suivis exactement pour la pile intermédiaire de la rive badoise.

§ 5. — Détails comparatifs sur le résultat des opérations de fonçage. — Observations et indications diverses.

Les premières dispositions nécessaires pour le fonçage des caissons de la pile-culée de la rive française avaient été prises dans les derniers jours du mois de février 1859, et cette opération a été terminée, pour la quatrième et dernière pile, à la fin du mois de décembre de la même année. Les fondations proprement dites des piles-culées et des deux piles intermédiaires ont donc été exécutées dans l'espace de dix mois.

Le tableau ci-dessous donne l'indication résumée de quelques détails relatifs au résultat du fonçage des caissons, pour chacune des piles, résultats qui se trouvent déjà relatés dans le cours du mémoire, mais qu'il était nécessaire de réunir en dernier lieu, pour établir quelques comparaisons utiles et pouvoir apprécier le mérite des modifications qui ont été apportées successivement en cours d'exécution.

DÉSIGNATION DES PILES.	INDICATION de la durée DE L'OPÉRATION.	NOMBRE DE JOURNÉES			NOMBRE d'heures de travail par jour.	ENFONCEMENT DES CAISSONS.	
		TOTAL.	de chômage.	de travail effectif.		par heure de travail.	par journée.
Pile-culée de la rive française..	du 22 mars au 28 mai.	68 journées et 2 nuits.	15	55	16	0.0209	0.334
Pile-culée de la rive badoise...	du 9 août au 13 septembre.	36 journées.	5	31	11	0.0470	0.517
Pile intermédiaire de la rive française.........	du 16 octobre au 16 novembre.	31 id.	6	25	10.56	0.0760	8.802
Pile intermédiaire de la rive badoise.........	du 26 novembre au 24 décembre.	28 id.	4	24	11.08	0.0750	0.825

Il est facile de juger par ce tableau combien sont considérables les différences de travail opéré par heure et par jour, entre les fondations de la pile-culée de la rive française et celles des autres piles ; l'amélioration a toujours été en augmentant d'une pile à l'autre, et l'on est arrivé enfin à réaliser à peu près, pour la dernière pile, les prévisions énoncées dans le rapport à l'appui du projet ; c'est-à-dire que le fonçage des caissons pouvait avoir lieu dans un délai de vingt journées de travail effectif pour chacune des piles.

Il est vrai de dire que ce résultat n'a été obtenu qu'au moyen des dispositions suivies en dernier lieu, et qui peuvent se résumer comme suit :

Réunion des caissons, montés d'abord séparément, pour en former pour ainsi dire un caisson unique, divisé en trois ou quatre compartiments, avec communications d'un caisson à l'autre ;

Suppression des coffrages et exécution complète d'un seul massif de fondation au-dessus du plafond des caissons, au fur et à mesure de leur descente, en se bornant à parementer les parois extérieures en libages ou forts moellons smillés ;

Maintien de la cheminée d'eau au centre de chaque caisson, en lui donnant la forme d'une ellipse, dont le grand axe a été placé parallèlement à l'axe du fleuve, et suppression des viroles pour l'exécution de cette cheminée, qu'on a formée dans la maçonnerie du massif, en parementant ses parois en briques de champ, hourdées en ciment romain;

Parementage dans le même système des parois des maçonneries, contre les tôles des cheminées d'air;

Exécution, dans le plus bref délai possible, des maçonneries en forme de voûte, pour remplir les compartiments entre les contre-forts des parois et du plafond, dans l'intérieur des caissons;

Etablissement, à chacun des angles de chaque caisson, d'une paire de verrins destinés à les faire descendre dans le lit du fleuve à leur emplacement définitif, et servant ensuite à les guider pour les maintenir dans leur position normale, au fur et à mesure de leur enfoncement dans le gravier; et enfin, établissement, dans chacune des cheminées d'eau, de norias mises en mouvement par une machine à vapeur.

On peut dire avec juste raison que le travail de fondation, dans ces conditions, a été ramené pour ainsi dire à une opération mécanique, marchant avec la même régularité et le même soin que le travail dans une fabrique.

Ces dispositions sont bien différentes de celles énoncées dans le projet approuvé par les administrations des deux gouvernements; elles diffèrent même essentiellement de l'idée première, qui avait consisté à employer un caisson unique avec une seule cheminée de service, et dont l'application eût été l'objet de grandes difficultés et d'obstacles presque insurmontables dans l'espèce.

Lorsque l'on considère les déformations considérables qui se sont produites dans la partie inférieure des angles des premiers caissons, qui cependant n'avaient qu'une longueur de $5^{m},80$ sur une largeur de 7 mètres, on peut se rendre compte des chances de détérioration qu'on aurait eues avec un seul caisson de $23^{m},20$ de longueur sur la même largeur de 7 mètres; il eût été nécessaire d'y multiplier les contre-forts, mais alors on aurait entravé notablement les travaux des ouvriers tubistes; on eût perdu, d'un autre côté, un temps considérable pour ramener au puisard de la cheminée centrale le produit des dragages opérés aux extrémités du caisson.

Les dispositions suivies sont tout autres, enfin, que celles indiquées au projet de M. de Weiler, et il n'y a pas d'exagération à dire que l'exécution des fondations des quatre piles du pont du Rhin n'eût pas été possible dans les conditions proposées par cet ingénieur en chef.

M. de Weiler, craignant sans doute que le frottement de la maçonnerie des piles contre le gravier ne fût un obstacle à la descente des caissons, avait donné au massif de fondation un fruit extérieur assez fort et disposé par redans.

Cette disposition conduisait nécessairement à donner aux caissons une largeur considérable, et, par suite, il devenait indispensable d'en soutenir le ciel par des points d'appui intermédiaires, entre les parois extérieures.

M. de Weiler avait bien cherché à remédier à cet inconvénient en projetant d'établir, sur le gravier même formant le fond du caisson, un radier en charpente, à claire-voie, et d'appuyer sur ce radier des montants destinés à soutenir le plafond du caisson; mais on serait retombé, en cours d'exécution, dans un inconvénient beaucoup plus grave.

Il eût fallu, en effet, draguer avec précaution dans les compartiments du radier, pour faire descendre tout le système régulièrement et sans secousse.

On doit comprendre facilement quelles difficultés on aurait eues et à quelles chances d'accidents on aurait été exposé, pour faire descendre ainsi sans dislocation une masse énorme, dans un sol qui n'avait pas partout une égale densité, et dans lequel les pièces du radier pouvaient venir s'appuyer irrégulièrement sur des pieux, sur des ancres, sur des fascinages et des ferrailles de toute nature. Cette masse énorme, précisément parce qu'elle n'eût pas été retenue par les frottements latéraux, se serait déversée brusquement d'un côté ou de l'autre, selon que le gravier se serait dérobé plus ou moins sous certains points du radier.

Sans parler de l'augmentation de dépense résultant de l'emploi d'un caisson des dimensions considérables déterminées par le fruit du massif de maçonneries, c'était une idée peu pratique que de vouloir supprimer le frottement des graviers contre les parois de ce massif, car l'expérience a démontré que ce frottement était indispensable pour modérer une descente parfois trop rapide des caissons, et amortir les chutes brusques. Les frottements latéraux ont été très-utiles aussi, du reste, parce que les ciels des caissons n'auraient pas eu des dimensions suffisantes pour supporter le poids des maçonneries supérieures, si ce poids n'avait pas été équilibré en partie par ces frottements.

L'administration des ponts et chaussées du grand-duché n'avait pas été sans faire de sérieuses observations, relativement à la réunion des caissons et à la suppression des coffrages en bois, modifications importantes aux dispositions du projet approuvé, et elle avait décliné toute responsabilité à cet égard.

Cette responsabilité était donc restée tout entière aux ingénieurs de la Compagnie française, et s'il y avait eu quelque obstacle à l'exécution des travaux, ce serait à son ingénieur en chef et à son ingénieur principal que toute la faute aurait incombé.

S'il y avait eu même des accidents ayant déterminé des poursuites judiciaires, on serait remonté évidemment jusqu'à l'ingénieur en chef, et il est même probable qu'il eût été seul poursuivi dans cette hypothèse.

Fort heureusement, il n'est arrivé aucun événement de cette nature, et l'on peut même dire qu'aucun ouvrier n'a été blessé plus ou moins grièvement, par suite d'accidents résultant de l'exécution des travaux de fonçage des caissons.

Quelques ouvriers ont été victimes, toutefois, de leur persistance à travailler dans l'intérieur des caissons; l'air comprimé a déterminé chez eux des maladies qui ont eu une suite funeste, mais ces effets doivent être attribués plus particulièrement à des vices de constitution et même à l'incomptabilité de certaines organisations à supporter la compression de l'air.

M. François, médecin communal et membre de la Société de médecine de Strasbourg, attaché comme médecin aux travaux du pont du Rhin, qui a eu occasion d'étudier plus spécialement les effets de l'air comprimé sur les ouvriers pendant leur travail dans les caissons, a publié dans les *Annales d'hygiène et de médecine légale* (2e série 1860, t. XIV, 2e partie) un mémoire très-intéressant sur le résultat de ses observations.

Nous ne rentrerons pas dans tous les détails des faits qui y sont consignés, mais nous pensons qu'il est utile d'en relater les conclusions qui sont libellées comme suit:

« CONCLUSIONS. — Il résulte des observations consignées dans le « cours de ce mémoire, que l'air comprimé manifeste son action d'une « manière spéciale et à des degrés différents sur les individus qui y « sont soumis, et toujours selon le tempérament, la constitution et « l'âge du sujet. L'âge le plus favorable à supporter les effets de l'air « condensé est celui de dix-huit à trente-cinq ans; le tempérament « le plus propice est le lymphatique; le tempérament qui sera tou- « jours le plus éprouvé est le sanguin; puis viennent les tempéra- « ments nerveux, bilieux; le tempérament lymphatique et scrofuleux « est même avantageusement modifié par une compression à un degré « peu élevé.

« Les personnes sujettes aux congestions sanguines, aux hémor- « rhagies, doivent s'abstenir absolument de s'exposer à l'influence « de la compression de l'air, de même que celles atteintes de lésions « organiques des poumons et du cœur.

« Il est utile, avant d'entrer dans le milieu comprimé, de se « munir de vêtements chauds, tels que gilets de laine, manteaux, « pour s'en couvrir lors de l'éclusement, afin d'éviter la transition « trop brusque du chaud au froid.

« La précaution de se bourrer les oreilles de coton est au moins « inutile, si même elle n'est nuisible.

« L'éclusement doit se faire lentement, et sa durée doit être en « raison directe de l'élévation de la pression.

« Après la sortie, il est toujours utile de faire des ablutions à « l'eau froide et de se donner beaucoup de mouvement.

« Les individus pris de symptômes alarmants, surtout s'ils se « répètent après chaque poste, doivent s'abstenir de s'exposer de « nouveau à l'action de l'air comprimé.

« Cet air, comprimé à n'importe quel degré, ne change pas dans « sa composition intime; les éléments en restent les mêmes et en « proportions identiques.

« Le papier de Schœnbein n'a jamais révélé la présence de l'ozone « ou oxygène naissant.

« Des émanations humides, des principes empyreumatiques pro- « duits par la combustion des bougies, se mêlent à l'air que respi- « rent les ouvriers, et produisent des effets pathologiques qui ne « dépendent pas de l'action de l'air comprimé.

« L'expérience a prouvé que les meilleurs remèdes à opposer aux « douleurs, quelquefois intolérables, produites lors de l'éclusement, « sont :

« Les ablutions à l'eau froide, ablutions qui dissipent rapidement « le prurit incommode que l'on ressent quelquefois; les ventouses « sèches et scarifiées; les liniments anodins, opiacés, volatils cam- « phrés; les liniments belladonés ont rendu de très-grands services « dans les douleurs exagérées.

« Les congestions cérébrales, pulmonaires, sont traitées comme

« toutes les congestions provenant de causes autres que celles de « l'influence de l'air comprimé.

« Les simples otalgies sont assez rapidement enrayées par l'intro-« duction de l'huile de jusquiame dans l'oreille ; les cas plus sérieux « réclament un traitement antiphlogistique et dérivatif; pour les « surdités persistantes, nous croyons devoir recommander l'instilla-« tion de l'éther sulfurique dans le conduit auditif externe, six à dix « gouttes deux ou trois fois par jour. »

Les prescriptions de M. le docteur François étaient mises en pratique au chantier du pont du Rhin. Les ouvriers qui travaillaient dans l'intérieur des caissons avaient des costumes spéciaux, qu'ils quittaient après chaque poste pour reprendre leurs vêtements ordinaires; un local attenant au hangar recouvrant chaque pile était affecté particulièrement à ce service.

Il y avait aussi, dans un bâtiment séparé sur le chantier, une installation complète de service médical, avec brancards, lits de camp, boîte d'asphyxie et autres appareils nécessaires, et M. le docteur François venait deux fois par jour pour faire des visites, à la suite desquelles les malades pouvaient être envoyés immédiatement dans les hôpitaux de Strasbourg. Ce service avait été organisé conformément aux instructions données par Ch. Oulmont, médecin en chef de la Compagnie des chemins de fer de l'Est.

Observations sur les machines soufflantes.

Dans l'article relatif aux travaux de fondation de la pile-culée de la rive badoise, il a été indiqué que nous reviendrions ultérieurement sur le fonctionnement respectif des machines soufflantes qui ont servi à comprimer l'air dans les caissons.

Les opérations du fonçage étant terminées, on peut entrer dans quelques détails sur l'emploi de ces machines, sur les améliorations et perfectionnements qu'il est nécessaire d'apporter dans les dispositions diverses, et sur les dépenses d'entretien auxquelles chacune de ces machines a donné lieu.

M. Maréchal, inspecteur du service du matériel, qui avait été mis à notre disposition pour diriger plus spécialement le montage et le fonctionnement des machines employées à l'exécution des travaux du pont du Rhin, a adressé, immédiatement après l'achèvement des fondations de chacune des piles, des rapports détaillés sur les opérations qui le concernaient. Il serait trop long de reproduire ces rapports *in extenso*, et d'ailleurs ils contiennent des indications de faits que nous avons expliqués suffisamment déjà, de sorte qu'il en résulterait des répétitions oiseuses. — Nous nous bornerons à en extraire les détails pratiques qui nous paraissent nécessaires pour éclairer les ingénieurs, qui auraient à s'occuper de l'exécution defondations dans le même système, sur le fonctionnement des machines soufflantes, et pour leur éviter des recherches inutiles.

Nous n'avons pas besoin de rappeler qu'il a été employé, pour comprimer l'air dans les caissons, cinq machines soufflantes, disposées comme suit :

Sur un bateau, deux machines de la force de 16 chevaux chacune, fournies par la maison Derosne et Cail, numérotées 1 et 2;

Sur un autre bateau, deux machines, système Flaud, de 10 chevaux chacune, numéros 3 et 4;

Et enfin, sur un troisième bateau, une machine de 25 chevaux (n° 5), sortant de la maison Cavé;

Et que les dispositions d'ensemble et de détail de ces machines, dont nous avons donné les dimensions principales, sont indiquées dans les planches XIV, XV et XVI.

Nous n'avons donc pas à revenir sur ces indications.

Les machines horizontales, avec cylindre soufflant à double effet (n°s 1 et 2), construites sur le même type et fournies par la maison

Derosne et Cail, avaient été établies spécialement pour les travaux du pont du Rhin, et en conséquence elles étaient toutes neuves lorsqu'elles ont été montées à pied d'œuvre.

L'expérience a fait reconnaître, toutefois, la nécessité d'apporter quelques perfectionnements et quelques modifications dans certaines dispositions de détail.

Et d'abord, il a été indispensable de remplacer complétement les deux caisses à air en fonte, qui n'offraient pas assez de résistance pour une pression qui pouvait atteindre trois atmosphères; de fortes nervures ont été ménagées dans les nouvelles caisses, qui ont été essayées avec la presse hydraulique jusqu'à neuf atmosphères.

On a profité de ce remplacement des caisses à air, pour établir sur les nouvelles caisses des soupapes de sûreté, destinées à éviter toutes chances d'accident dans le cas où, par suite de la fermeture d'une vanne ou de toute autre circonstance, il y aurait obstacle à l'écoulement de l'air envoyé par le cylindre soufflant.

Il a dû aussi être ajouté, à ces machines, des purgeurs et des robinets graisseurs.

Les tuyaux d'échappement de ces machines étaient libres, pour pouvoir utiliser la vapeur perdue et augmenter par son emploi le tirage de la cheminée. Pour pouvoir régulariser cette opération et permettre même d'augmenter ou de diminuer à volonté la quantité de vapeur à envoyer dans la cheminée, il a été placé à la naissance du tuyau d'échappement une tubulure en bronze à deux branchements, l'un droit et l'autre incliné, munis chacun d'une vanne mobile, pouvant se mouvoir à l'aide d'un levier placé à la portée du mécanicien, qui pouvait ainsi, selon les besoins du service, ouvrir ou fermer l'une de ces vannes.

Dans les machines que nous considérons (n°s 1 et 2), les clapets, d'une longueur de $0^m,80$ sur $0^m,30$ de largeur, étaient formés de quatre plaques en caoutchouc de $0^m,03$ d'épaisseur, et la caisse inférieure, dans laquelle se trouvait placé le cylindre à air, était toujours remplie d'eau.

Ces dispositions permettaient à l'air de passer dans les caisses sans une trop forte compression, et en traversant le matelas d'eau, la température de l'air comprimé dans les caisses s'abaissait si notablement qu'elle ne présentait qu'une différence insensible avec celle de l'air extérieur.

Pour arriver, toutefois, à ce résultat, il était nécessaire de renouveler aussi fréquemment que possible l'eau contenue dans les caisses à air, car la température de l'eau entourant les clapets et le cylindre soufflant s'élevait promptement à 40 degrés et même à 50 degrés centigrades, bien que l'air aspiré par les pompes fût pris à l'extérieur.

Il a été établi à cet effet, à côté des machines, près du réservoir d'air, une pompe Jappy, qui était mise en mouvement au moyen d'un raccord avec l'extrémité de la tige du tiroir.

On a pu ainsi envoyer constamment un jet d'eau froide dans la caisse à air, et en tenant un peu ouverts les robinets purgeurs, on facilitait l'écoulement de l'eau chaude.

Un tube recourbé deux fois et monté sur le tuyau d'aspiration, suffisait pour indiquer au mécanicien le niveau de l'eau qu'il devait toujours maintenir.

Ces dispositions n'avaient été prises complétement qu'après l'achèvement du fonçage des caissons de la pile-culée de la rive française.

Les machines numéros 1 et 2 ayant fonctionné presque constamment pendant la durée de cette opération, les clapets en caoutchouc qui étaient restés pour ainsi dire dans une eau à 45 degrés en moyenne, en marchant très-vite, ont été complétement détériorés.

Au moyen des dispositions nouvelles, il n'en a plus été de même pendant les opérations de fonçage de la pile-culée de la rive badoise et des deux piles intermédiaires ; il n'y avait notamment aucune désorganisation dans le caoutchouc des clapets, après l'achèvement des fondations de la pile-culée de la rive badoise.

Enfin, l'eau entraînée par l'air à l'état de globules qui venaient se déposer dans les tuyaux en cuivre, avait fini par obstruer les tubulures en caoutchouc des conduites qui amenaient l'air dans les caissons; on a dû établir, pour obvier à ces inconvénients, des purgeurs au-dessous des vannes placées à la proximité de ces tubulures.

Les machines numéros 3 et 4, sortant des ateliers de M. Flaud, à Paris, avaient servi déjà aux fondations tubulaires du pont de Moulins sur l'Allier, de telle sorte que, pour les mettre en œuvre, on a dû les démonter et les nettoyer complétement.

La disposition de ces machines était telle, du reste, que leur emploi, dans l'espèce, a été difficile et assez limité.

Et d'abord, il résultait du rapport entre le diamètre du cylindre à vapeur et celui du cylindre soufflant, qu'il n'était pas possible d'obtenir un fonctionnement convenable au-dessus de deux atmosphères. Le premier de ces cylindres n'avait, en effet, qu'un diamètre de $0^m,20$, tandis que le diamètre du second était de $0^m,45$; à trois atmosphères, le piston de ce dernier cylindre aurait donc eu à vaincre, en outre des frottements, une pression considérable.

Aussi, au delà de deux atmosphères, des ruptures ont eu lieu dans les engrenages, les courroies de transmission se sont rompues et des fuites se sont manifestées dans le foyer.

Pour remédier à ces inconvénients, on a dû refaire presque complétement toute la transmission de ces deux machines, augmenter l'épaisseur des courroies, consolider fortement les bâtis et remplacer tous les tubes en fer par des tubes en cuivre rouge munis de viroles dans la boîte à feu, de même que dans la boîte à fumée.

D'un autre côté, le rapport entre la surface du clapet et celle du piston étant de 11 à 8, l'air sortant des cylindres soufflants atteignait promptement une température de 40 degrés au moins, par suite de sa compression et de sa vitesse de sortie. Il n'a pas été possible d'améliorer cette situation.

La machine numéro 5, composée de deux cylindres à vapeur oscillants et d'un cylindre soufflant horizontal, n'était pas d'une construction récente, mais elle était mieux disposée que les machines numéros 3 et 4 pour le service à faire dans les travaux de fondations du pont du Rhin; on a dû toutefois y apporter aussi quelques améliorations notables.

Et d'abord, le cylindre soufflant n'était muni que d'un simple clapet en cuir; ce cylindre s'échauffait tellement que le clapet était promptement brûlé et hors de service. On a obvié à cet inconvénient en ajoutant d'abord un deuxième tuyau de conduite pour marcher à double effet, et pour compléter l'amélioration, on a entouré le cylindre soufflant d'une bâche dans laquelle une pompe envoyait constamment de l'eau froide, l'eau chaude sortant par sa partie supérieure.

On a dû aussi remplacer tous les tubes en fer du foyer et de la boîte à fumée par des tubes en cuivre rouge garnis de viroles.

D'un autre côté enfin, la pompe alimentaire était complétement insuffisante, et il a été nécessaire d'augmenter notablement l'alimentation en établissant à côté de la machine une seconde pompe qu'un cheval faisait fonctionner.

Nous avons indiqué les modifications qui ont dû être apportées en cours d'exécution aux dispositions de détail de chacune des machines soufflantes, mais il y a eu encore quelques autres améliorations qui ont été communes à toutes ces machines.

Ainsi, on a reconnu la nécessité de remplacer tous les tuyaux en plomb des pompes alimentaires des chaudières à vapeur par des tuyaux en cuivre, parce que les tuyaux en plomb sortant des bateaux pour aller plonger dans le Rhin étaient exposés incessamment à recevoir des chocs qui les mettaient hors de service.

D'un autre côté, les eaux du Rhiu charriaient souvent un limon qui, au bout de vingt-quatre heures, remplissait les chaudières d'une boue épaisse, et qui parfois aussi obstruait complétement les pompes alimentaires.

On avait cherché d'abord à prévenir ces effets, en entourant les tuyaux d'alimentation, qui plongeaient dans le Rhin, d'un tuyau en bois fermé à sa partie inférieure par une toile métallique, et même en plaçant un clapet à l'extrémité inférieure du tuyau d'alimentation; mais ces dispositions premières ont été insuffisantes; il a fallu les compléter en plaçant sous les machines des bâches en tôle de 0^{m},003 d'épaisseur, d'une longueur de 2^{m},05, sur une largeur de 0^{m},715 et une hauteur de 0^{m},71, que des robinets permettaient de laver fréquemment.

Des dispositions avaient été prises pour envoyer aux ouvriers travaillant dans les caissons de l'air aussi froid que possible, mais il fallait aussi leur envoyer de l'air pur. Pour obtenir ce résultat, des tuyaux en zinc munis de girouettes allaient prendre au dehors l'air envoyé par les machines soufflantes.

Des bâches en tôle ont été placées enfin sous les foyers des machines, pour empêcher la détérioration des barreaux de la grille, qui eussent été mis promptement hors de service sans cette précaution très-simple.

Nous ne terminerons pas sans donner l'indication d'une autre modification importante qui a dû être apportée à la jonction des tuyaux en cuivre avec les tuyaux en caoutchouc, des conduites amenant dans les caissons l'air envoyé par les machines soufflantes.

On s'était borné d'abord à faire entrer, à frottement aussi rigide que possible, le tuyau en cuivre dans le tuyau en caoutchouc, et à faire le joint avec du fil de laiton fortement serré, en le consolidant avec deux brides boulonnées.

L'expérience n'a pas tardé à démontrer que ce joint était défectueux, en ce sens que, lorsqu'on voulait serrer les brides, le cuivre cédant à la pression se pliait, et qu'alors le tuyau en caoutchouc ne lui était plus adhérent.

On avait cherché à obvier à cet inconvénient en employant un manchon cylindrique en tôle de $0^m,003$ et de $0^m,40$ de longueur, entrant moitié dans le tuyau en cuivre et moitié dans le tuyau en caoutchouc, qui devait avoir pour effet de s'opposer à la dépression du cuivre et de permettre le serrage complet des boulons des brides; mais cette disposition n'était pas encore suffisante pour empêcher le glissement du tuyau de caoutchouc sur le tuyau en cuivre, lorsque la pression dans la conduite s'élevait à deux atmosphères. Pour la compléter, on a soudé sur le tuyau en cuivre un fil de fer de $0^m,005$ de diamètre, contourné en pas de vis, et on a emmanché par torsion le tuyau en caoutchouc sur le tuyau en cuivre. On a fait ensuite le joint comme à l'ordinaire avec le fil de laiton, et on a placé les brides en les maintenant parallèlement au tuyau de cuivre, au moyen de deux tirants en fer fixés par deux écrous à des oreilles fortement soudées sur le tuyau en cuivre.

Il est inutile de faire observer, avant d'en finir avec cette question de machines soufflantes et de leurs accessoires, qu'il a été nécessaire de faire placer des manomètres disposés de manière à avoir incessamment des indications comparatives sur la pression dans les machines et dans les caissons.

Les manomètres à air libre sont ceux dont l'emploi, sous ce rapport, a été le plus utile.

On a vu que les machines numéros 3 et 4 ne pouvaient pas fonctionner au-dessus de deux atmosphères, et que la machine numéro 5 présentait assez de chances d'avaries.

Ces trois machines devaient donc être employées d'abord, et on devait réserver les machines numéros 1 et 2 pour les moments où la pression dépassait $2^{at.},50$.

L'examen du tableau ci-après, indiquant le fonctionnement respectif de toutes ces machines, fera reconnaître que les machines numéros 1 et 2 sont celles qui ont été le plus généralement employées, et on peut en déduire encore que quatre machines semblables auraient été suffisantes, dans l'espèce, et qu'on eût pu ainsi, avec l'addition de deux de ces machines, suppléer aux machines numérotées 3, 4 et 5.

NUMÉROS des machines.	DÉSIGNATION des CONSTRUCTEURS.	NOMBRE DE JOURS DE SERVICE				Total des jours de service par machine.	OBSERVATIONS.
		Pile-culée rive française.	Pile-culée rive badoise.	Pile intermédiaire rive française	Pile intermédiaire rive badoise		
1	Derosne et Cail.	73	49	29	14	165	Dans les journées de service pour chaque pile sont comprises les journées employées pour la mise en marche préparatoire, et pendant le remplissage des caissons après leur fonçage.
2	Id.	71	48	29	14	162	
3	Flaud.	41	14	27	16	98	
4	Id.	23	25	4	15	67	
5	Cavé.	58	22	23	22	126	
	Totaux...	266	159	112	81		

Le tableau ci-dessous donne l'indication résumée de la consommation des machines soufflantes pendant la totalité de leurs journées de service pour les fondations des quatre piles en rivière.

MACHINES.		INDICATION DE LA CONSOMMATION				NOMBRE de jours de service.	Consommation par heure et par cheval.	OBSERVATIONS.
Numéros	Force nominale	en houille.	en huile.	en suif.	en déchet.			
							kilogrammes.	
1	16	231.450	397	89	129	165	3.00	Les machines nos 3 et 4 n'ont marché qu'au commencement de l'opération de fonçage, alors que la pression était très-faible.
2	16	218.050	430	133	148	162	3.05	
3	10	90.000	278	59	239	98	2.90	
4	10	66.900	200	56	147	66	2.90	
5	25	303.750	165	166	147	125	5.15	

Il est utile enfin de donner l'indication comparative des dépenses faites pour l'entretien et la conduite des machines pendant l'opération de fonçage, y compris le temps employé pour refouler l'air des caissons et les journées de service pendant le remplissage des caissons après leur fonçage; ces dépenses ont été comme suit,

Savoir :

1° Pour la pile-culée de la rive française.	20,418 fr.	61 c.
2° Pour la pile-culée de la rive badoise.	12,988	75
3° Pour la pile intermédiaire de la rive française.	12,025	65
4° Pour la pile intermédiaire de la rive badoise..	12,193	46

On voit que ces dépenses ont été à peu près les mêmes pour les trois dernières piles, et qu'elles ont été bien inférieures à celle de la pile-culée de la rive française.

Modifications proposées au système admis pour les fondations des piles en rivière.

Nous ne terminerons pas le chapitre relatif aux fondations des piles en rivière sans parler d'une modification assez importante qu'il avait été question d'introduire dans le système de leurs fondations.

Une lettre adressée à M. l'ingénieur principal Fleur Saint-Denis, le 17 février 1859, et reproduite ci-dessous *in extenso*, donne des indications suffisantes pour juger de l'importance de la modification proposée et des avantages comme des inconvénients qu'elle pouvait présenter.

« Monsieur l'ingénieur principal,

« J'ai bien réfléchi pendant mon séjour à Strasbourg, et depuis « mon départ de cette ville, au nouveau système dont vous m'avez « entretenu relativement aux fondations du pont du Rhin, et je « m'empresse de vous donner à cet égard mon opinion complète.

« Et d'abord, d'après le système proposé dans le projet arrêté d'ac-« cord avec M. l'ingénieur en chef Keller, soumis ensuite à toutes les « administrations et autorités compétentes et approuvé par elles, on « doit suivre pour les fondations des piles les dispositions qui peu-« vent être résumées comme suit :

« Descendre simultanément et le plus régulièrement possible les « caissons en tôle d'une même pile jusqu'à la profondeur voulue ;

« Superposer à ces caissons, au fur et à mesure de leur fonçage, « des châssis en bois, dans l'intérieur desquels doit être coulé suc-« cessivement et jusqu'à une hauteur suffisante, pour ne plus avoir « à craindre les effets de la sous-pression, du béton, s'appuyant sur le « dessus des caissons, et formant charge pour faciliter leur fonçage ;

« Remplir l'intérieur des caissons, lorsqu'ils seront à profondeur ;

« Enlever ensuite les cheminées et remplir de béton les vides « qu'elles auront laissés ;

« Epuiser l'eau contenue dans les châssis en bois, établir au-dessus « du béton un massif général de maçonnerie, en enlevant, au besoin, « les parois intérieures des châssis et construire les piles en élévation.

« Vous pensez qu'on pourrait substituer à ce système un autre « système, qui serait résumé comme suit :

« Maintenir les dispositions du premier système jusqu'à ce que les « caissons soient descendus à la profondeur voulue, en se bornant « à couler du gravier au lieu de béton dans les coffres en bois au-« dessus des caissons, mais seulement pour faciliter leur fonçage ;

« Profiter des effets de la sous-pression, en épuisant une certaine « tranche d'eau dans les châssis en bois pour faire remonter les cais-« sons et construire les maçonneries au-dessous des caissons, au fur « et à mesure de leur marche ascensionnelle et jusqu'à ce qu'on « puisse les enlever complétement pour établir les piles en élévation « au-dessus du massif de fondations.

« Ce système, ainsi que je vous l'ai indiqué verbalement déjà, est

« plus séduisant que le premier ; mais examinons les avantages et « les inconvénients de chacun d'eux.

« Dans le premier système, lorsque les caissons sont à fond, les « plus grandes difficultés sont surmontées, et je vous rappellerai « qu'une des considérations les plus puissantes qui aient été invo- « quées pour motiver son adoption, c'est qu'en coulant du béton au- « dessus des caissons pour faciliter leur fonçage, on établissait une « charge qui avait l'avantage d'être permanente.

« Une objection avait été faite, c'est qu'on aura beaucoup de diffi- « culté à remplir de maçonnerie l'intérieur des caissons. — Je ne « pense pas qu'il faille s'exagérer ces difficultés, car aussitôt que les « caissons seront descendus à profondeur, on pourra enlever les « cadres en bois disposés pour y maintenir les cheminées de service, « et si l'on voulait se résigner à laisser, sans les enlever, ces grandes « cheminées jusqu'au-dessus du béton, en se servant d'abord de « ces cheminées pour descendre les matériaux nécessaires à la con- « struction des maçonneries au delà des cheminées à air, et en uti- « lisant ensuite les cheminées à air pour la descente des autres ma- « tériaux complémentaires, on simplifierait beaucoup l'opération de « remplissage à l'intérieur des caissons ; les ouvriers pourraient « maçonner, soit sur les côtés, soit dans le fond, en se retirant succes- « sivement, et l'on peut dire que dans ces conditions le problème « serait complétement résolu.

« L'inconvénient, sous le rapport économique, c'est l'abandon des « caissons en tôle, des châssis en bois et d'une partie des grandes « cheminées de 1^{m},50.

« Quant au second système, l'avantage serait, au contraire, la con- « servation de tous ces objets pour s'en servir ou les céder pour des « fondations d'ouvrages d'art analogues, mais il y a malheureuse- « ment le revers de la médaille.

« Toutes les difficultés qu'on aurait pour le fonçage des cais-

« sons, il faudrait les affronter de nouveau, et dans des conditions « plus défavorables, pour les remonter.

« Je ne reviendrai pas sur les deux questions de détail que nous « avons traitées à Strasbourg : la maçonnerie en dessous des chemi- « nées et la maçonnerie de jonction d'un caisson à l'autre. Cette der- « nière question n'a pas d'importance ; il peut y avoir quelques dif- « ficultés quant à la solution de la première, mais enfin elles ne « seraient pas insurmontables.

« Il est une autre difficulté plus grave, pouvant présenter des « chances d'accidents, et l'expérience des faits dans les fondations « tubulaires ne peut laisser aucun doute sur ce qui peut se passer « ici. Ainsi que je vous l'ai fait observer dans une autre circonstance, « il arrive parfois que, quel que soit le poids additionnel dont on les « charge, les tubes s'enfoncent à peine par suite de la pression exercée « sur leurs parois par les terrains traversés ; que, dans ces circon- « stances mêmes, un enfoncement subit de plus de 1 mètre d'ampleur « succède à un *statu quo* opiniâtre, et que parfois aussi il arrive que « des tubes ont inopinément des mouvements de soulèvement de « plus de 2 mètres de hauteur.

« Eh bien, je suppose que l'on éprouve quelques difficultés à faire « remonter un caisson et que, pour vaincre sa résistance, on enlève « une tranche d'eau de plus en plus considérable, l'effet de la sous- « pression peut être telle, qu'une fois les caissons en mouvement, « ils s'élèvent brusquement d'une hauteur de plus de 1 mètre. — Dans « cette situation alors il pourrait y avoir affouillement dans le gra- « vier laissé à découvert, irruption de ce gravier sur les maçonneries, « et désordre tel qu'il faudrait faire redescendre les caissons pour « le faire cesser. Il est bon de faire observer que ces effets pourraient « avoir lieu sur un des caissons sans avoir lieu sur les autres.

« D'un autre côté, je suppose qu'on éprouve trop de difficulté à « faire remonter les caissons, et que ces difficultés soient telles qu'on

« soit obligé de revenir au premier système. On ne pourrait pas le « faire si l'on avait coulé purement et simplement du gravier au lieu « de béton dans les châssis en bois au-dessus des caissons, car il « serait extrêmement difficile d'extraire ce gravier. Je sais bien qu'on « pourrait remédier à cet inconvénient en coulant du béton au lieu « de gravier, en quantité suffisante seulement pour faciliter le fon- « çage des caissons, sauf à avoir un peu plus de peine pour en- « lever ce béton lorsque les caissons seraient remontés au-dessus « de l'eau.

« Mais il est une considération plus grave, c'est qu'une telle modi- « fication au système proposé serait tellement capitale que je ne « pense pas qu'il soit possible de la mettre à exécution sans en avoir « fait l'objet d'une conférence, d'abord avec MM. les ingénieurs « badois, et probablement sans en avoir référé ensuite aux deux admi- « nistrations respectives et peut-être même aux deux gouvernements, « formalités qui nous feraient perdre un temps considérable.

« Je pense donc que ce que nous avons de mieux à faire aujour- « d'hui, pour la pile dont la fondation est en cours d'exécution, c'est « de conserver le premier système déjà sanctionné par toutes les ad- « ministrations et autorités compétentes.

« On pourrait réserver la question de l'emploi du second système « pour la fondation de la deuxième pile-culée, parce qu'alors les « caissons et châssis en bois qu'on en retirerait pourraient resservir « pour la fondation de la pile intermédiaire, et nous aurions ainsi « devant nous le temps nécessaire pour proposer, discuter et faire « adopter cette modification capitale au système adopté jusqu'ici.

« Dans toutes circonstances, je pense qu'il est indispensable de cou- « ler du béton, et non pas purement et simplement du gravier, dans « les coffres en bois au-dessus des caissons, parce que la question de « système définitif serait encore réservée, en se bornant à couler ce « béton seulement pour faciliter le fonçage des caissons, dût-on ne

« garantir, pour permettre leur enlèvement, après l'opération, que les « deux cheminées à air.

« *L'Ingénieur en chef de la Compagnie,*

« E. VUIGNER. »

La mise à exécution de cette modification avait été ainsi réservée, et les propositions nécessaires pour être autorisé à l'introduire avaient aussi été ajournées.

M. l'ingénieur en chef Keller n'avait pas été éloigné de voir adopter cette modification, et en aurait proposé l'approbation, de concert avec nous.

Mais le temps passé à l'exécution de la pile-culée de la rive française, les difficultés surmontées pour arriver à bonne fin, la responsabilité énorme qui pesait déjà sur nous, et la possibilité que nous avions déjà entrevue d'apporter des améliorations plus simples, nous firent renoncer à faire des propositions pour l'adoption de ce nouveau système.

Nous n'hésitons pas à déclarer, toutefois, qu'il pourrait très-bien être employé avec avantage dans certaines circonstances, soit pour les fondations des piles en rivière, soit pour la construction de digues à la mer.

CHAPITRE III.

DÉTAILS RELATIFS A LA CONSTRUCTION DES CULÉES ET DE LEURS DÉPENDANCES.

D'après le projet approuvé, les fondations des culées devaient consister en une enceinte de palplanches jointives, dans l'intérieur de laquelle on devait draguer le gravier jusqu'à une profondeur de 12 mètres au-dessous des plus basses eaux, et qu'il fallait ensuite remplir de béton.

Comme les eaux du Rhin se maintiennent presque constamment à 1m,50 et 2 mètres au-dessus des plus basses eaux, et que, d'un autre côté, il eût été nécessaire de conserver aux palplanches une fiche de 2 mètres au minimum au-dessous du terrain fouillé, afin de la mettre en situation de résister à la poussée du sol extérieur, on aurait été entraîné, en maintenant le système de construction projeté, à donner aux palplanches d'enceinte une longueur de 16 mètres, ce qui en aurait fait de véritables pieux ; or, l'expérience déjà acquise dans les travaux du pont du Rhin, au moment où l'on avait à s'occuper des fondations des culées, avait fait reconnaître que le battage des pieux de cette dimension était une opération de longue haleine et très-dispendieuse, et que, comme il n'était pas possible d'obtenir de fiche de plus de 7 à 8 mètres, il aurait fallu, en toute circonstance, opérer des dragages jusqu'à 6 ou 7 mètres, en contre-bas des plus basses eaux, avant de procéder au battage des pieux.

Dans cette situation, il y avait à examiner s'il n'était pas plus avantageux de draguer de suite jusqu'à 12 mètres en contre-bas des plus basses eaux, et de remplacer l'enceinte en palplanches ou pieux battus par un simple coffrage en bois, uniquement destiné à contenir le béton, et autour duquel on remblayerait extérieurement, au fur et à mesure du coulage de ce béton.

Il était évident que, dans ce système, on devait économiser le temps et la dépense du battage des pieux, et que, d'un autre côté, on aurait à draguer un cube de gravier plus considérable; mais il était hors de doute aussi que la dépense déterminée par cette augmentation de dragage serait largement compensée et par l'excédant des bois et du fer à employer, dans l'hypothèse de l'exécution en pieux battus, et par le battage proprement dit, qu'on n'aurait pu faire qu'au moyen d'échafaudages sur pilotis, attendu que les bateaux sur lesquels étaient montées les sonnettes ne pouvaient pas pénétrer dans l'enceinte des culées.

Il devait donc, évidemment, y avoir économie d'argent et surtout de temps à supprimer l'enceinte en palplanches, ou pieux battus, et à draguer jusqu'à la profondeur de 12 mètres en dessous des plus basses eaux, et il n'y avait aucun inconvénient à agir ainsi, puisque les fouilles à exécuter étaient en dehors du lit du fleuve, et qu'elles ne se trouvaient pas ainsi sous l'action du courant.

Après nous être mis d'accord avec M. l'ingénieur en chef Keller, relativement à cette modification au projet approuvé, qui ne pouvait être considérée, du reste, que comme une question de détails d'exécution, et l'administration des chemins de fer de l'Est y ayant donné son approbation, en ce qui la concernait, des dispositions furent prises immédiatement pour exécuter dans ce système les fondations des culées sur les deux rives à la fois.

Ces culées, les murs en retour, les murs circulaires et autres dépendances, ont été établis ensuite conformément aux dispositions du projet approuvé, et dont on trouve l'indication dans les planches XIX et XXI.

Toutes les maçonneries des culées qui avaient à supporter tout le poids des ponts tournants, ont dû être exécutées en moellons de grès des Vosges hourdés en ciment romain.

CHAPITRE IV.

SUPERSTRUCTURE DU PONT.

Il a été indiqué déjà :

Que, d'après les prescriptions de l'article 3 du traité intervenu entre les deux gouvernements, le pont devait se composer d'une partie fixe au milieu, et de deux travées mobiles aux extrémités, devant les culées de chaque rive ;

Que la partie fixe devait être un pont en treillis en fer formant trois travées égales de chacune 56 mètres, dont le tablier devait être supporté par trois poutres ;

Que les travées mobiles, formées de poutres en tôle pleine, devaient être des ponts tournants, dont le pivot et le mécanisme nécessaire devaient reposer sur les culées en maçonnerie ;

Que les projets définitifs d'ensemble et de détail arrêtés par les ingénieurs des administrations française et badoise, le 12 août 1858, avaient été dressés d'après ces bases générales ;

Et enfin que ces projets avaient été approuvés, tels qu'ils avaient été présentés, et par ces administrations et par leurs gouvernements respectifs.

Les travaux de superstructure ont été exécutés, sous la direction spéciale de l'administration des ponts et chaussées du grand-duché de Bade, par M. l'ingénieur en chef Keller, et par M. l'ingénieur ordinaire de Kageneck ; mais comme les ingénieurs de l'administration française ont été appelés à discuter et même à signer ces projets, conformément aux stipulations du traité international et des conventions particulières intervenues avec la Compagnie des chemins de fer de l'Est, et qu'en conséquence MM. les ingénieurs français ont eu leur part de responsabilité dans l'exécution de la superstructure, il est nécessaire d'entrer dans quelques détails sur les dispositions spéciales de ces travaux, renseignements que nous extrairons, en majeure partie, du reste, du rapport de M. l'ingénieur en chef Keller à l'appui du projet.

Nous considérerons séparément, à cet effet, les travées mobiles ou ponts tournants, la partie fixe ou pont de treillis, et les clochetons des piles en rivière.

§ 1. — Travées mobiles ou ponts tournants.

Chacun des ponts tournants forme, dans son ensemble, un tablier de 64 mètres de longueur sur 12 mètres de largeur, y compris les trottoirs pour piétons établis au-dehors des fermes extérieures.

Ce tablier repose à ses extrémités, d'un côté sur la culée, et de l'autre sur la pile en maçonnerie, et il est supporté, en son milieu, sur vingt-quatre galets compris entre deux cercles de roulement.

Pendant la rotation, l'extrémité placée vers la culée est supportée en outre par trois galets, et le pivot ne sert que de guide.

Le tablier se compose de trois poutres principales, droites à leur partie inférieure et dont la partie supérieure affecte la forme d'un solide d'égale résistance.

Les tables de ces poutres sont formées de trois épaisseurs de tôle et sont réunies par une âme de $0^{m},009$, consolidée alternativement, à chaque joint vertical, par deux couvre-joints en fer plat et par quatre cornières ; l'espacement des joints de l'âme est de $1^{m},20$.

Les poutres de rive ont une section égale à celle de la poutre du milieu, afin de présenter une grande rigidité.

Les trois poutres sont réunies à leur partie inférieure par des entretoises assemblées sur les nervures de l'âme, soit directement, soit au moyen de cornières.

La faible hauteur dés poutres ne permettant pas de les contreventer directement par la partie supérieure, on y a suppléé par des goussets trapézoïdaux, de deux en deux entretoises.

La résistance des poutres doit être calculée dans les deux hypothèses suivantes :

1° Lorque le pont est fermé, et qu'il se trouve chargé, outre son propre poids, d'un poids accidentel, provenant du passage des trains :

2° Lorsque le pont est en mouvement, et n'est soutenu qu'au milieu et à l'une des extrémités, l'autre extrémité étant libre.

Dans le premier cas, on a supposé que tout le pont était chargé de locomotives, ce qui correspond à $1^k,700$ par millimètre courant, pour les poutres de rive, et à $3^k,400$, pour la poutre intermédiaire.

Quant à la charge permanente, par millimètre courant, elle est sensiblement de $1^k,200$, pour les poutres de rive, et de $1^k,600$, pour la poutre intermédiaire.

Dans le calcul de la résistance, on n'a pas tenu compte des cornières, qu'on a considérées comme équivalentes aux trous de rivets. Les tables ont, pour toutes les poutres, une largeur de 330 millimètres et une épaisseur de 85 millimètres, et la hauteur des poutres, au milieu, est de $2^m,600$.

D'après ce qui précède, on obtient les résultats suivants, pour le cas du pont fermé avec surcharge.

La formule applicable à ce cas est

$$1/2\, ql^2 = A\, \frac{f}{z},$$

dans laquelle on a :

	Pour les poutres de rive.	Pour la poutre intermédiaire.
q, charge par millimètre courant. .	1,20 + 1,70 = 2^k,90	1,60 + 3,40 = 5^k,00
l, demi-distance entre la couronne de galets et l'extrémité de la poutre.	15,600	13,500
z, demi-hauteur de la poutre au milieu.	1,300	1,300
F, moment d'inertie de la section du milieu.	$1/12 \{ 330 (2600)^3 - 322 (2430)^3 \}$ = 98,302,652,160	98,302,662,160
En effectuant, on trouve.	A = 4^k,1	A = 6^k

Dans l'hypothèse du pont ouvert, la même formule donne :

	Pour les poutres de rive.	Pour la poutre intermédiaire.
q, charge par millimètre courant. .	1^k,20	1^k,60
l, volée du pont à partir de la couronne des galets..	31^k,600	27^k,400
En effectuant, on trouve.	A = 5^k,4	A = 5^k,5

La résistance des poutres est donc suffisante.

Le poids du tablier, sur 64 mètres de longueur, qui est de 256,000 kilogrammes, doit reposer, pendant le mouvement, sur la couronne des 24 galets de roulement, et sur les trois galets de la culasse.

Afin de répartir également la charge sur ces 24 galets, on a rivé, sous les poutres principales et les entretoises, une poutre circulaire très-rigide, reliée à la crapaudine par six rayons en tôle; cette poutre circulaire reçoit en son milieu le cercle de roulement, dont la section est la même que celle du cercle fixe formant le chemin de galets sur la culée.

Chaque galet, de 0^m,70 de diamètre moyen, et chargé de 10,666 kilogrammes, est construit comme une roue de locomotive, ayant un moyeu en fonte, des rais en fer forgé et un bandage en acier.

Les galets sont réunis entre eux par deux cercles en fer à cornières, sur lesquels sont fixés des coussinets en bronze, et qui sont réunis avec la crapaudine par des tringles d'écartement.

La résistance à vaincre, pendant le mouvement du pont tournant, est donc un frottement de roulement.

Comme le mouvement est circulaire, ce qui produit des glissements dans le sens du rayon, et comme il faut toujours vaincre d'autres résistances relatives au mécanisme de rotation, il convient de prendre un coefficient plus élevé que celui qui mesure le frottement de roulement sur les chemins de fer; on a admis le chiffre de 0,02.

Le rapport entre le rayon de la crémaillère et celui du chemin de galets est égal à 6; la résistance transportée à la crémaillère est donc :

$$\frac{256{,}000 \times 0{,}02}{6} = 853 \text{ kilogrammes.}$$

En outre, l'extrémité du pont, qui reçoit le mécanisme de rotation, est surchargée du poids de ce mécanisme et du sommier des trois galets.

Cette surcharge, de 16,000 kilogrammes, se répartit sur les trois galets, et produit une résistance de

$16{,}000^{k} \times 0{,}07 \times \frac{100}{1000} =$	112^{k}
En y ajoutant les.	853^{k}
d'autre part, et les frottements d'engrenages, évalués à.	55^{k}
On arrive à une résistance totale de. .	1020^{k}

Cette force devra être plus grande à l'origine du mouvement, afin de vaincre l'inertie de la masse, ainsi que l'adhérence des surfaces.

Le mécanisme de rotation se compose d'une crémaillère circulaire de 31^{m},30 de rayon, fixée sur la culée, et d'une transmission à engrenages comprenant un arbre vertical et deux arbres horizontaux. Le mouvement peut être imprimé à ce mécanisme, soit au moyen de deux leviers s'élevant au-dessus du pont et manœuvrés chacun par quatre hommes, soit par des manivelles placées sous le pont, sur lesquelles peuvent agir également huit hommes.

Dans les deux dispositions, le rapport des vitesses à la crémaillère et aux manivelles est de 1 : 8, de sorte que l'effort total aux manivelles est égal à $\frac{1020}{8} = 127$ kilogrammes, soit 16 kilogrammes par homme.

L'espace à parcourir pour un quart de tour est d'environ 25 mètres sur la crémaillère ; si l'on admet une vitesse de 0^{m},75 par seconde aux manivelles, on voit qu'il faut $\frac{25}{0,75} \times 8 =$ environ 300 secondes, ou 5 minutes pour ouvrir ou fermer le pont.

Chaque pont tournant reçoit quatre coins d'arrêt qui se logent dans des boîtes correspondantes, fixées aux piles et aux culées, afin d'empêcher tout mouvement latéral.

Les poutres sont relevées vers leurs extrémités de la quantité nécessaire (environ 60 millimètres) pour présenter une arête inférieure horizontale, lorsque, dégagé de ses cales, le pont est en équilibre sur la couronne des galets. Il pourrait arriver que, par suite de la circulation des trains, il se produisît un abaissement des extrémités, et, pour parer aux inconvénients qui pourraient en résulter, on a adopté un système de calage qui peut être réglé. Chacune des extrémités des poutres repose, par l'intermédiaire de coins guidés, sur une plaque en fonte scellée sur la maçonnerie. La surface d'appui forme un plan incliné à 1/7, sur lequel le coin peut être monté ou descendu au moyen d'une vis de rappel mue par un arbre vertical à manivelle.

Cet appareil est disposé de manière que deux hommes agissant sur la manivelle puissent soulever l'extrémité de la poutre, exerçant une pression égale aux 3/8 de son poids.

Les planches XXI et XXII donnent toutes les indications d'ensemble et de détail des ponts tournants.

§ 2. — Superstructure de la partie fixe.

Le tablier de chaque travée de la partie fixe est supporté par trois poutres en treillis de 6 mètres de hauteur, supportant des entretoises espacées de $1^m,18$.

La rigidité de l'âme de ces poutres est obtenue au moyen de nervures verticales composées de quatre cornières, qui s'appliquent par couples des deux côtés du treillis.

La distance de ces nervures augmente à partir de chaque pile, en allant vers le milieu de la travée, et leur section correspond en chaque point à l'effort théorique qu'elles ont à supporter.

Toutes les autres parties du pont, telles que les tables et le treillis, ont partout une section uniforme, afin d'éviter la difficulté d'exécution qu'eût entraînée l'emploi de fers de sections différentes.

Dans le calcul des dimensions à donner aux poutres, on a fait abstraction de l'augmentation de résistance qui résulte de leur continuité sur les piles intermédiaires, et l'on a considéré chaque portée des poutres comme reposant librement sur deux points d'appui.

Par contre, on n'a pas eu égard à l'affaiblissement des sections causé par les trous des rivets.

La surcharge a été estimée, comme pour les ponts tournants, à raison de $1^k,700$ par millimètre courant de poutre de rive et $3^k,400$ pour la poutre intermédiaire, ce qui correspond à des trains composés de locomotives. La charge permanente est d'environ $1^k,300$ par chaque millimètre de poutre de rive et $2^k,6$ pour la poutre intermédiaire.

Les pièces du treillis, les nervures verticales et les portions d'âme pleine servant à les relier aux deux tables, ne doivent pas entrer dans la valeur du moment d'inertie; la section résistante se réduit donc, pour chaque poutre, à deux sections rectangulaires dont les centres de gravité sont à une distance de $5^m,8$; la surface de l'une de ses sections est d'environ 36,000 millimètres carrés pour chacune des poutres de rive, et de 66,000 pour la poutre intermédiaire.

Le moment d'inertie de la poutre de rive sera donc :

$$2 \times 36{,}000\ (29{,}000)^2 = 605{,}520{,}000{,}000.$$

L'équation de la résistance est

$$1/2\ ql^2 = A\ \frac{F}{z},$$

dans laquelle on a

q, le poids par millimètre de longueur de poutre $= 1,7 + 1,3 = 3^k$.
l, la demi-travée $= 28,000^{mm}$.
A, coefficient de résistance par millimètre carré.
F, moment d'inertie $= 605,520,000,000$.
z, Distance de la fibre la plus tendue ou la plus comprimée à l'axe neutre $= 3,000^{mm}$.

On a donc :

$$1/2\ 3\ (28{,}000)^2 = A\,\frac{605{,}520{,}000{,}000}{3000}.$$

d'où $A = 6$ kilogrammes.

La section des poutres de rive est donc suffisante.

D'après le calcul qui précède, on pourra considérer la section de la poutre du milieu comme également suffisante, puisque cette dernière poutre peut porter une charge à peu près double de celle de chaque poutre de rive.

On sait que l'effort de tension ou de compression sur le treillis est donné par la formule

$$K = q\,(l - x)\sqrt{2},$$

dans laquelle x désigne la distance entre le point d'appui le plus rapproché et la partie du treillis que l'on considère.

Le maximum de cet effort correspond à $x = o$, et a pour valeur, en substituant dans la formule les données particulières ci-dessus :

$$K = 3 \times 28{,}000 \times \sqrt{2} = 118{,}776 \text{ kilogrammes.}$$

Cet effort se répartit sur dix barres du treillis, ayant une section totale de $10 \times 1{,}60 \times 15 = 24{,}000$ millimètres carrés; de sorte que chaque millimètre carré supporte 5 kilogrammes.

Les trois poutres principales, espacées de $4^m{,}50$ d'axe en axe, sont réunies, à leur partie inférieure, par des entretoises qui sont fixées soit aux nervures verticales, à l'aide de goussets, soit directement aux tables inférieures, par de petites cornières.

A l'extérieur des poutres de rive, on a fixé, de la même manière, des consoles destinées à supporter les trottoirs.

Ces consoles laissent entre elles un intervalle double de celui des entretoises.

Les poutres étant ainsi reliées d'une manière rigide tous les $1^m{,}18$, on n'a pas jugé nécessaire de leur appliquer un contreventement diagonal.

A la partie supérieure des poutres, on a établi des entretoises qui correspondent aux nervures verticales; elles sont formées de deux cornières renforcées par des contre-fiches et sont réunies entre elles par des croix de Saint-André horizontales en fer plat. Au droit des piles, les entretoises sont renforcées par des feuilles de tôle.

Les entretoises de la partie inférieure, servant de pièces de pont, sont calculées pour porter les roues motrices d'une machine locomotive, soit, au maximum, 12,000 kilogrammes.

Le moment de cette charge est

$$6{,}000 \times 1{,}500 = 9{,}000{,}000.$$

Et le moment d'inertie, en négligeant les cornières, comme compensation de l'affaiblissement des rivets, est :

$$1/12 \left\{ 180\,(360)^3 - 174\,(316)^3 \right\} = 324{,}799{,}808.$$

L'équation de la résistance est donc :

$$9{,}000{,}000 = A\,\frac{324{,}799{,}808}{180},$$

d'où l'on tire :

$A = 5$ kilogrammes par millimètre carré ; ce qui représente une sécurité convenable pour ces pièces, qui sont exposées directement à l'effet des vibrations.

Les poutres reposent, à chaque extrémité du pont fixe, sur six galets, et à chaque pile intermédiaire sur douze galets en fonte réunis entre eux par deux barres et formant ainsi un chariot.

La dilatation des poutres, pour une différence maxima de température de 60 degrés, est égale à $177{,}000 \times 60 \times 0{,}000{,}012 = 127$ millimètres.

Ainsi, à chaque extrémité et pour une température extrême, soit en dessus, soit en dessous de la température moyenne, supposée à 10 degrés, il y aurait $\frac{127}{4} = 32$ millimètres d'allongement ou de raccourcissement ; il a été ménagé à cet effet un jeu suffisant.

Les rivets des poutres ont 30 millimètres, ceux des entretoises et du contreventement n'ont que 20 millimètres.

On trouve sur les planches XIX et XX toutes les indications d'ensemble et de détail de la partie fixe de la superstructure décrite ci-dessus.

Les planches XIX et XX donnent les dispositions d'ensemble et de détail des portails et clochetons couronnant les piles-culées et les piles intermédiaires, et formant le complément de la partie fixe de la superstructure.

Les portails des piles-culées comportent chacun deux niches, dans lesquelles ont été placées des statues décoratives : l'Ill et le Rhin aux portails de la rive française, le Rhin et la Kinsig au portail de la rive badoise.

Le portail de la rive française est couronné, en outre, par l'aigle impériale, et le portail de la rive badoise, par le griffon de la Confédération germanique.

Ces portails et leurs clochetons forment une ornementation architecturale dans le style gothique, à laquelle on pourrait peut-être reprocher de ne pas être complétement en harmonie avec les poutres en treillis. Parmi les projets qui avaient été présentés, on a donné la préférence à celui qui rappelait le mieux l'architecture de la cathédrale de Strasbourg.

Le cahier des charges (Annexe, n° 13), complète les renseignements de détail relatifs à la superstructure.

§ 3. — **Dispositions prises pour la mise en place du tablier fixe et des ponts tournants.**

D'après les prévisions premières, les fermes et tablier métallique de la partie fixe de la superstructure devaient être montés sur une plate-forme établie, à cet effet, sur la rive gauche du fleuve ; on aurait transporté ensuite toute la masse sur les voies de fer du pont de service, jusqu'à l'endroit de son emplacement définitif, et l'on n'aurait eu ensuite qu'à la faire passer de ce pont sur les piles en rivière, par les moyens ordinaires, en se servant de la charpenterie des échafaudages enveloppant chacune de ces piles.

Nous n'avons pas besoin de rappeler que c'est en grande partie dans ce but qu'on avait construit le pont de service avec ses dépendances, et qu'on avait été conduit ainsi à l'établir dans des dimensions et des conditions de solidité qui auraient pu être plus restreintes, dans l'hypothèse d'un simple pont de service, pour faciliter et activer l'exécution des travaux.

MM. Benckiser, qui étaient chargés de la mise en place du pont en treillis à leurs frais, risques et périls, et qui, en conséquence, étaient devenus les parties les plus intéressées dans cette question, firent observer qu'il y aurait de grandes difficultés à vaincre pour faire passer du pont de service sur les piles en rivière, par un mouvement de translation parallèle à son axe longitudinal, une masse comme le pont en treillis, d'une longueur de 177 mètres, et ils exprimèrent la crainte qu'une secousse, produite par un obstacle quelconque, ne vînt à déterminer des détériorations dans quelques parties de l'ouvrage.

Ces entrepreneurs proposèrent alors de supprimer le mouvement de translation parallèle à l'axe, et de se borner à opérer la mise en place, par un seul mouvement dans le sens longitudinal, en prenant, à cet effet, des dispositions toutes spéciales.

Cette proposition, qui ne devait déterminer qu'une simple modification dans le mode d'exécution, fut agréée, et MM. Benckiser se mirent à l'œuvre pour faire arriver le pont en treillis sur les piles en rivière, d'après ce nouveau système.

Il y avait toutefois, dans son application, une difficulté sérieuse : c'était l'énorme porte-à-faux dans lequel devait se trouver la partie extrême du pont, après avoir dépassé une pile et avant d'avoir atteint la pile suivante.

Pour obvier à cet inconvénient, on a établi d'une part, à l'avant du tablier et de ses poutres en treillis, une armature en charpenterie, s'avançant de 22 mètres environ en dehors de l'extrémité du tablier, et l'on s'est servi, d'autre part, des pieux des échafaudages entourant les piles pour former, au besoin, des points d'appui bien au delà de ces piles. Le porte-à-faux devait être ainsi notablement diminué.

Le tablier métallique avec le pont en treillis avait été monté sur la plate-forme spéciale qui avait été établie à cet effet, et il était ainsi dans une situation telle, que l'extrémité du tablier se trouvait à 200 mètres environ de la culée de la rive française. Il fallait donc d'abord lui faire franchir cet espace.

On a construit de distance en distance des châssis en charpente fortement constitués et fixés dans le sol, pour pouvoir porter des coussinets doubles en fonte, destinés à supporter des rouleaux en fer.

On a établi ensuite quatre appareils formés de trois rouleaux en fer, de $0^{m},210$ de diamètre, réunis au moyen d'un axe ou forte tige en fer rond, qui était munie, à chacune de ses extrémités, des engrenages nécessaires pour pouvoir imprimer aux rouleaux un mouvement de rotation.

Ces appareils étaient placés sur les châssis en charpente et disposés de manière que les trois poutres du pont reposaient chacune sur un des rouleaux qui avaient été évidés pour laisser passer les têtes des rivets servant à assembler les feuilles de tôle formant leur table horizontale inférieure. Ils étaient à des distances égales l'un de l'autre, de telle sorte que, lorsque le pont avait parcouru l'un de ces intervalles, et que le premier appareil, vers l'ouest, côté de Strasbourg, était dégagé, il était repris et porté sur un autre point fixe en avant.

On avait eu d'abord la pensée d'imprimer le mouvement à tous les groupes de rouleaux à la fois, au moyen d'une locomobile qu'on avait montée, à cet effet, sur le tablier du pont, vers son extrémité ouest, et qui avait été mise en communication par des transmissions disposées convenablement, à cet effet, avec les engrenages de chacun des appareils.

Toutes les dispositions étant prises ainsi, on a fait les premiers essais ; mais il s'est produit bientôt des ruptures dans les engrenages de quelques-uns des appareils, et l'on a été forcé de suspendre l'opération.

On a reconnu alors que, les frottements n'étant pas et ne pouvant pas être les mêmes sur tous les rouleaux, la machine à vapeur exerçait sur les engrenages de l'appareil, où il se présentait le plus d'obstacle à la rotation, une pression beaucoup trop considérable pour la force des engrenages ; il était donc nécessaire de recourir à un autre mode de transmission de puissance.

Les engrenages des appareils ont été modifiés, et l'on s'est borné à ajouter des manivelles pouvant être manœuvrées par des hommes.

Cinq hommes à chacun des treuils des appareils, ou dix hommes pour chaque appareil, ont suffi alors pour mettre le pont en mouvement, et la machine locomobile n'a plus été employée que pour donner à ces ouvriers les signaux nécessaires pour qu'ils marchassent ensemble avec le plus de régularité possible.

Les engrenages des appareils avaient été disposés pour que l'effort exercé sur les manivelles produisît une force mille fois plus grande, de telle sorte que les quarante ouvriers employés à la manœuvre des appareils exerçaient, en définitive, une force de 600 kilogrammes à raison de 15 kilogrammes par homme. Cette force était largement suffisante pour faire mouvoir sur les rouleaux le pont en treillis, présentant un poids de 1,200,000 kilogrammes.

Le pont a été transporté ainsi jusqu'à la culée de la rive française, et l'on a employé le même procédé pour lui faire franchir les intervalles entre les culées et les piles, comme ceux entre les piles en rivière. Les appareils de rotation ont été reportés alors successivement d'une pile à l'autre.

Quand l'armature placée à l'extrémité du tablier arrivait sur une pile, on rectifiait avec des crics la flexion résultant des porte-à-faux, de manière à faire porter son extrémité sur les rouleaux et y faciliter l'engagement des poutres du treillis; cette flexion n'a pas dépassé, du reste, 0m,14.

L'opération de mise en place a été faite par MM. Benckiser, sous les ordres de M. de Kageneck et la direction de M. l'ingénieur en chef Keller.

Commencée le 10 septembre 1860, elle a été terminée le 22 dudit mois, et, en conséquence, dans un délai de 12 jours. L'avancement avait été de 30 mètres à 40 mètres par jour, 0m,10 à 0m,15 par heure.

Quatre-vingts ouvriers ont été employés à ce travail; ils formaient deux équipes de quarante hommes, qui se relayaient d'heure en heure.

En ce qui concerne les parties mobiles, il n'a été employé, pour les mettre en place, aucune disposition particulière sortant des conditions ordinaires.

Le pont tournant de la rive française avait été monté sur une plate-forme spéciale établie à 150 mètres environ de la culée, et dont le sol était à 0m,40 en contre-bas de la plate-forme du chemin de fer. Le pont s'y trouvait dans une direction parallèle à l'axe de ce chemin, mais à 30 mètres vers le nord.

Il fallait d'abord, comme opération préliminaire, amener le pont sur les voies qui avaient servi à la mise en place du tablier fixe avec ses fermes en treillis, en le faisant marcher ainsi parallèlement à son axe longitudinal, et en lui faisant gravir les 40 centimètres de différence de niveau existant entre les deux plates-formes.

Les poutres ont été armées, à cet effet, de fortes pièces de charpente garnies de rails; on a établi sur le sol un plan incliné avec des rails accouplés, et on s'est borné à pousser la masse avec des crics, en la faisant mouvoir sur un assez grand nombre de rouleaux en fonte de 0m,17 de diamètre.

Lorsque le pont s'est trouvé, par ce premier mouvement de translation transversale, dans une situation telle que son axe correspondait à l'axe du chemin de fer, on a employé encore les crics et les rouleaux pour le faire avancer, par un mouvement contraire, jusqu'à son emplacement définitif.

On l'a soulevé ensuite pour retirer les charpentes et les chemins de fer qui avaient servi à le faire mouvoir, et on l'a descendu sur la couronne de galets, en prenant pour base de l'opération le pivot fixe, qui est devenu définitivement son centre de rotation.

Le pont tournant de la rive badoise avait été monté à la proximité de la culée sur une plate-forme établie à un niveau convenable; il a été facile de le mettre en place par un seul mouvement, obliquement à l'axe du chemin de fer, en employant les mêmes procédés que pour le pont de la rive française.

§ 4. — Epreuves des parties fixes et mobiles de la superstructure.

Aux termes de la convention du 16 novembre 1857 réglant les conditions d'établissement du chemin de fer de Strasbourg à Kehl, et du pont sur le Rhin, dans cette dernière localité, le pont ne pouvait être livré à l'exploitation qu'après qu'une Commission internationale aurait procédé aux épreuves de la partie métallique, et l'administration supérieure badoise des ponts et chaussées avait donné son adhésion à ce que ces épreuves fussent faites suivant le programme arrêté par la décision ministérielle du 26 février 1858, pour le pont métallique supportant les voies du chemin de fer français.

Cette décision, en forme de circulaire à MM. les ingénieurs du service du contrôle, est libellée comme suit :

« J'ai l'honneur de vous informer que, d'après l'avis émis par le

Conseil général des ponts et chaussées, j'ai réglé de la manière suivante les épreuves à faire subir aux ponts métalliques supportant les voies des chemins de fer.

« Ces épreuves seront de deux espèces et auront lieu, d'abord par un chargement de poids mort, ensuite au moyen de poids roulant.

« 1° Chaque mètre linéaire de simple voie sera chargé d'un poids additionnel de 5,000 kilogrammes, pour les travées d'une ouverture de 20 mètres et au-dessous, et de 4,000 kilogrammes pour celles d'une ouverture supérieure à 20 mètres, sans que dans ce dernier cas le poids puisse jamais être moindre que 100 tonnes.

« Cette charge devra rester au moins huit heures sur le pont, et n'en être retirée que deux heures après que la flèche prise par les poutres aura cessé de croître ;

« Pour les ponts à plusieurs travées, chacune d'elles sera chargée d'abord isolément; elles le seront ensuite simultanément;

« Dans les ponts où les voies sont solidaires entre elles, chaque voie sera chargée successivement, l'autre voie restant libre ;

« Elles le seront ensuite simultanément;

« Chaque épreuve partielle aura lieu conformément aux prescriptions du premier paragraphe du présent article ;

« 2° Une première épreuve au moyen de poids roulant se fera par le passage, sur chaque voie, d'un train composé de deux machines, pesant chacune avec leur tender 60 tonnes au moins, et de waggons portant chacun un chargement de 12 tonnes, en nombre suffisant pour couvrir au moins une travée entière. Ce train marchera successivement avec des vitesses de 20 kilomètres et 35 kilomètres à l'heure.

« Une seconde épreuve aura lieu au moyen du passage sur la voie d'un train composé de deux machines, pesant chacune avec leur tender 35 tonnes au moins, et de waggons dont le poids sera établi comme dans les trains ordinaires de voyageurs, et en nombre suffisant pour couvrir au moins une travée entière ; ce train marchera successivement avec des vitesses de 40 kilomètres et 70 kilomètres à l'heure.

« Pour les ponts à deux voies, les épreuves par poids mouvant auront lieu d'abord sur chaque voie isolée, puis simultanément sur les deux voies, en faisant marcher les deux trains parallèlement dans le même sens, ensuite en sens opposé, de manière à se croiser sur le milieu des travées.

« Le ministre des travaux publics,

« *Signé* : MAGNE. »

Il a été indiqué, dans l'exposé précédant le présent mémoire, que M. le directeur des ponts et chaussées et des travaux de chemins de fer de l'administration badoise avait désiré faire des expériences préliminaires, et que ces expériences avaient eu lieu le lundi 11 mars 1860.

Tous les invités étant réunis sur les lieux à onze heures du matin, on a procédé à la visite du pont fixe, et à un signal donné on a fait manœuvrer les deux ponts tournants.

Pendant qu'on calait le pont tournant de la rive badoise, on a fait manœuvrer plusieurs fois le pont de la rive française, en employant d'abord 8 hommes, puis 4 hommes, et 2 hommes seulement en dernier lieu.

Deux hommes ont donc suffi pour faire mouvoir une masse d'un poids de 350,000 kilogrammes, c'est assez dire qu'on est arrivé à la perfection pour le mécanisme.

Les deux ponts tournants ayant été remis en place, et ayant été calés convenablement, on a commencé les expériences avec des trains.

Un premier train, composé de cinq locomotives d'un poids chacune de 35,000 kilogrammes, y compris tender, formant une charge de 3,400 kilogrammes par mètre courant de voie, est passé sur la voie sud, et est resté en stationnement sur la première travée fixe de la rive française.

Un autre train, composé d'une locomotive avec quinze waggons chargés de pierrailles formant une charge de 1,700 kilogrammes par mètre courant de voie, s'est engagé sur la voie nord et est venu stationner sur la travée du milieu.

Puis ces deux trains sont venus successivement stationner ensemble sur chacune des travées fixes, et ils ont été remisés en dehors du pont.

Deux trains composés de cinq locomotives ont passé ensuite sur chacune des voies du pont tournant et du tablier fixe; la charge totale, qui était alors de 35,000 kilogrammes, correspondait à 6,800 kigrammes par mètre courant de pont.

Ces deux trains ont enfin passé à toute vitesse, en se croisant sur le pont.

Pendant toutes ces expériences, les flexions observées n'ont été que de 8 à 12 millimètres, et le tablier reprenait, à quelques millimètres près, sa position première après chaque expérience.

On a constaté, toutefois, une flexion de $0^m,020$, qui n'a été suivie que d'un relèvement de 12 millimètres.

La sécurité était telle, du reste, que tous les invités ont continué à circuler sur le pont pendant ces expériences, ou sont restés au milieu des travées pour en observer les flexions.

Les expériences qui ont eu lieu les 27 mars et jours suivants ont été beaucoup plus complètes, la Commission internationale ayant tenu essentiellement à ce que les prescriptions de la décision ministérielle du 26 février 1858 fussent exactement remplies.

Ainsi que nous l'avons indiqué déjà, cette Commission était composée, savoir :

Du côté de la France, de MM. Morice de la Rue, inspecteur général des ponts et chaussées, Guerre, ingénieur en chef des ponts et chaussées, et Couche, ingénieur en chef des mines ;

Du côté du Grand-Duché, de MM. Sauerbeck, Keller et Sexauer, membres de l'administration supérieure badoise des ponts et chaussées.

M. Delorme, chef de la division des études et des travaux des chemins de fer au ministère des travaux publics, s'était rendu à Strasbourg pour assister aux opérations d'épreuves.

L'ingénieur en chef de la Compagnie des chemins de fer de l'Est la représentait auprès de la Commission internationale.

Cette Commission s'était adjoint, enfin, pour surveiller le détail des opérations, M. Dubuisson, ingénieur ordinaire de l'administration française, et M. le baron de Kageneck, ingénieur ordinaire de l'administration badoise.

Dans sa lettre, en date du 21 mars 1861, S. Exc. M. Rouher, ministre de l'agriculture, du commerce et des travaux publics de France, en donnant avis à la Compagnie des chemins de fer de l'Est, dans la personne de son directeur, que la Commission se rendrait sur les lieux le 27 dudit mois, avait demandé que toute facilité lui fût donnée pour remplir la mission qui lui était confiée.

Il fallait, à cet effet, réunir sur les lieux un assez grand nombre de locomotives, de waggons et de matériel ; l'ingénieur en chef de la Compagnie s'était entendu, à cet effet, avec M. Jacqmin, directeur de l'exploitation, et M. Vuillemin, ingénieur, chef de service du matériel et de la traction ; de son côté, M. l'ingénieur en chef Keller avait obtenu de la direction générale de l'exploitation des chemins de fer du Grand-Duché l'expédition à Kehl d'un certain nombre de machines, et le 27 mars, dans la journée, enfin, il avait été possible de compléter avec des locomotives et des waggons chargés de rails deux trains pouvant couvrir chacun une voie d'un pont tournant ou d'une travée fixe, et représentant avec une certaine surcharge en rails un poids de 4,000 kilogrammes par mètre courant de voie (8,000 kilogrammes par mètre courant de pont, en les réunissant sur les deux voies).

Ces deux trains étant ainsi composés, on les a fait avancer successivement, puis parallèlement, de manière à charger tour à tour, isolément, puis simultanément, toutes les parties du pont.

Les épreuves de la charge permanente étant terminées, on a formé pour les épreuves de charge roulante deux trains composés chacun de deux machines Engerth, cinq waggons de rails (pesant 14,300 kilogrammes chacun) et un fourgon à bagages, représentant ainsi un poids total de 200,000 kilogrammes.

Ces épreuves et leurs résultats sont indiqués avec plus de détail dans le procès-verbal qui en a été dressé et que nous avons reproduit *in extenso* (14e annexe).

Les flexions qui y sont consignées ne dépassent pas celles qui avaient été constatées lors des premières expériences provisoires, et ces résultats ont encore démontré de la manière la plus évidente et l'exactitude des calculs qui ont servi de base aux projets, et la parfaite exécution des travaux.

La Commission avait fait observer que les dispositions du tablier métallique présentaient toutes les conditions nécessaires de solidité, mais que, toutefois, il serait plus prudent de mettre des longerons sous les rails, d'une entretoise à l'autre, pour les supporter en cas de rupture, et l'administration badoise a pris immédiatement les dispositions nécessaires pour l'exécution de ce perfectionnement.

La Commission internationale a conclu, en résumé, à la réception de tous les ouvrages, dans les termes les plus nets et les plus positifs.

CHAPITRE V.

DÉPENSES DE PREMIER ÉTABLISSEMENT ET OBSERVATIONS Y RELATIVES.

---

§ 1. — Dépenses générales.

Les situations des divers entrepreneurs ne sont pas définitivement établies, en ce sens qu'elles ne sont pas acceptées par eux ; les travaux ne sont pas même encore complétement achevés ; c'est assez dire qu'il n'est pas possible d'établir le compte exact et détaillé des dépenses de premier établissement. Mais on peut indiquer toutefois que le chiffre de ces dépenses s'élèvera à environ 7 millions de francs, savoir :

1° Pour les travaux de fondation et les maçonneries en élévation . .	5,250,000 francs.
2° Pour la superstructure et autres accessoires.	1,750,000
Total égal.	7,000,000 francs.

Les dépenses pour les travaux de fondation et les maçonneries en élévation se subdiviseraient ainsi qu'il suit :

1° DÉPENSES POUR TRAVAUX DE FONDATIONS ET LES MAÇONNERIES EN ÉLÉVATION DES PILES ET CULÉES ET ACCESSOIRES EN DÉPENDANT.

1° Terrassements, dragages et autres dépenses pour travaux relatifs à l'organisation des chantiers	197,500 francs.
A reporter.	197,500 francs.

Report	197,500 francs.
2° Pont de service et vannages d'enceinte	800,000
3° Dépenses relatives aux travaux de fondations et maçonnerie en élévation de la pile-culée de la rive française.	760,000
4° Dépenses relatives aux travaux de fondations et maçonnerie en élévation de la pile-culée de la rive badoise.	630,000
5° Dépenses relatives aux travaux de fondations et maçonnerie en élévation de la pile intermédiaire de la rive française.	505,000
6° Dépenses relatives aux travaux de fondations et maçonnerie en élévation de la pile intermédiaire de la rive badoise.	495,000
7° Dépenses relatives aux travaux de fondations et maçonnerie en élévation de la culée de la rive française.	775,000
8° Dépenses relatives aux travaux de fondations et maçonnerie en élévation de la culée de la rive badoise.	755,000
9° Dépenses pour travaux accessoires, tels que le déplacement du port des pontonniers, etc..	150,000
10° Dépenses pour frais de conduite et autres frais généraux. . .	282,500
Total égal.	5,250,000 francs.

2° DÉPENSES RELATIVES A LA SUPERSTRUCTURE ET ACCESSOIRES.

1° *Partie fixe.*

Fers et tôles pour les ponts en treillis, y compris toutes fournitures, les transports à pied d'œuvre et la mise en place, 347,300 fl., ci	746,695 francs.	920,445 francs.
Garde-corps et plaques inférieures comme dessus (11,000 fl.)..	23,250	
Portiques, clochetons et statues comme dessus (70,000 fl.)..	150,500	

2° *Partie mobile.*

Fers, tôle, bronze et fonte pour les deux ponts tournants, y compris le mécanisme de ces ponts, les garde-fous et les candélabres comme dessus (286,440 fl.).	615,446

3° DÉPENSES POUR TRAVAUX ACCESSOIRES, FRAIS DE CONDUITE ET FRAIS GÉNÉRAUX.

Charpenterie des ponts fixe et mobiles et autres accessoires en dépendant (37,530 fl.), ci	80,269 francs.	181,310
Travaux accessoires pour le déplacement du port de Kehl, etc. (22,000 fl.), ci.	47,300	
Frais de conduite et frais généraux (25,000 fl.), ci.	53,750	
Total		1,717,201
Soit en nombre rond, pour tenir compte d'imprévus.		1,750,000 francs.

Tel est donc l'ensemble des dépenses qui formeront le prix de revient du pont sur le Rhin à Kehl avec ses dépendances.

Ce chiffre a paru élevé, et, en le comparant aux prix de revient d'autres ponts construits dans le système de fondation tubulaire, on a pu penser que l'application du nouveau système de fondation par caissons avait déterminé une augmentation de dépense considérable.

Il est nécessaire d'entrer dans quelques développements relativement à cette question de dépenses, pour rectifier les opinions qui ont pu être émises à cet égard, et pour prouver en même temps qu'il n'était pas possible d'opérer autrement qu'on l'a fait.

Et d'abord, pour établir des comparaisons, il faudrait avoir à considérer des ouvrages d'art établis dans des conditions analogues, l'on pourrait même dire dans les mêmes circonstances d'exécution, et nous ne pensons pas que, sous ce rapport, le pont sur le Rhin à Kehl puisse être comparé à aucun autre pont du même genre.

La convention internationale a prescrit, en effet, l'établissement, aux extrémités du pont vers les rives, de deux travées mobiles, laissant chacune une ouverture libre de 26 mètres pour le mouvement de la navigation, et cette condition exceptionnelle a déterminé à elle seule une dépense anormale qu'on peut évaluer à 2,660,000 francs, comme suit :

Les deux ponts tournants ont coûté *avec leurs accessoires*.	650,000 francs.
En supprimant les travées mobiles, on pouvait se dispenser des deux piles-culées, et il en serait résulté une économie de	1,390,000
Pour un pont à travées fixes, on aurait eu des culées de dimensions moins considérables sans plate-forme avec murs circulaires, et sans murs en prolongement du massif des culées, et l'on peut dire en toute assurance que, dans ces conditions, la dépense eût été réduite des deux tiers.	
Soit à porter en économie	1,020,000
Total.	3,060,000
Mais alors il est vrai que les travées de la partie fixe auraient eu une ouverture de 73 mètres au lieu de 56 mètres, et la dépense du	
A reporter.	3,060,000 francs

Report.	3,060,000 francs.
tablier avec ses fermes métalliques, qui n'a été que de 1,150,000 francs, se serait élevée à 1,550,000, francs, ce qui donne à déduire	400,000
L'économie résultant de la suppression des deux travées mobiles aurait donc été de.	2,660,000
Dans ce cas, le prix de revient du pont n'aurait été que de. . .	4,340,000
Et, en tenant compte de la diminution des frais généraux.	4,250,000

C'est évidemment le seul chiffre qu'on puisse considérer, si l'on veut établir des comparaisons avec les prix de revient d'autres ponts de même nature. Nous ne pensons pas alors qu'on puisse le trouver exagéré, surtout si l'on veut bien se reporter à la nature du sol dans lequel on a dû asseoir les fondations, à la profondeur qu'on a dû atteindre, au régime du fleuve dans lequel on opérait, et enfin aux conditions imposées par la convention internationale.

Examinons maintenant si l'application du nouveau système de fondations avec caissons a entraîné dans des dépenses plus considérables que celles qu'on aurait eu à faire en employant le système de fondations tubulaires.

Les culées ont été fondées d'après les procédés ordinaires, et, en conséquence, il ne peut y avoir à faire aucune observation à leur égard. Le chiffre élevé de leur prix de revient résulte évidemment, ainsi que nous l'avons indiqué déjà, de leurs dimensions considérables déterminées par l'établissement des ponts tournants, de l'extrême longueur des murs en prolongement des têtes du massif et de l'étendue des plates-formes avec mur circulaire et chemin de galet pour la manœuvre de ces ponts, et enfin de la profondeur qu'il a fallu atteindre pour leurs fondations, conformément aux prescriptions du traité international.

Il n'y a donc de comparaison à établir que pour les quatre piles en rivière, et pour apprécier les dépenses occasionnées par leurs fondations, il ne faut encore les comparer qu'à celle qu'on aurait faite, si l'on s'était renfermé dans les prescriptions de ce traité.

Le système indiqué dans la convention internationale consistait à établir chacune des deux piles en rivière au moyen de trois tubes en fonte de 3 mètres de diamètre, montant jusque sous le tablier du pont, et à construire en maçonnerie les deux piles-culées dans les dimensions projetées et suivies en exécution.

Le mode de fondation de ces piles n'était pas déterminé d'une manière positive dans la convention ; on pouvait en déduire, toutefois, que le système de fondation sur pieux en chêne, descendant au minimum à 15 mètres au-dessous de l'étiage, aurait été toléré, mais nous avons indiqué déjà que ce système n'était pas admissible dans l'espèce, parce que la nature du sol ne permettait pas de donner aux pieux des fiches de 12 à 15 mètres, et qu'il n'eût présenté aucune garantie de solidité et de durée, dans un terrain aussi mobile, aussi affouillable que le gravier du Rhin.

Il eût donc fallu admettre pour les fondations de ces piles-culées des tubes semblables à ceux des piles intermédiaires, et, d'après les dimensions de ces piles, on aurait dû employer pour chacune d'elles dix tubes, réunis à leur partie supérieure par une plate-forme en fonte placée à 2 mètres au-dessous des plus basses eaux, et sur laquelle on aurait élevé les maçonneries du corps de la pile.

D'un autre côté, ces tubes auraient dû être descendus jusqu'à 20 mètres au-dessous des plus basses eaux, profondeur qu'il a fallu atteindre pour les fondations par caissons, et à laquelle il fallait arriver, *à fortiori*, avec les tubes, qui auraient présenté moins de stabilité.

L'épaisseur des tubes n'aurait pas dû être moindre de 0,04, puisqu'au pont de Szegedin cette épaisseur est de 0,035 pour des profondeurs de 13 à 14 mètres.

Il ne faut pas oublier enfin que, d'après la convention internationale, les piles en rivière devaient être protégées par des brise-glaces, et qu'il y avait aussi à les garantir, autant que possible, contre les affouillements par des enrochements fortement constitués.

Dans ces conditions, évidemment, le prix de revient des piles en rivière n'aurait pas été moindre que le prix de revient dans le système admis; il n'y a pas à dire que ces conditions auraient pu être modifiées, attendu que les prescriptions de la convention internationale avaient tracé un cadre dans lequel il fallait rester.

On jugera facilement de l'exactitude de cette assertion, si l'on veut considérer les difficultés qu'on aurait eues et les frais énormes qu'on aurait dû faire pour arriver à établir sur les tubes des piles-culées, à 2 mètres en contre-bas de l'étiage, une plate-forme assez résistante pour recevoir les massifs de maçonnerie nécessaires pour compléter leurs fondations, et présentant une surface de $23^{m},50$ de longueur sur 7 mètres de largeur.

Mais, en admettant qu'on eût été entraîné dans une dépense moins considérable avec les fondations tubulaires, il est évident que ce système eût présenté beaucoup moins de stabilité que les fondations par caissons.

Nous irons même plus loin, et nous ne craignons pas de dire qu'il est évident pour nous que des tubes, présentant une grande surface et peu de masse à une action extérieure, n'auraient pas eu une stabilité suffisante, et qu'on aurait couru la chance de les voir se déverser au moindre affouillement produit à leurs abords, même après l'achèvement du fonçage.

La meilleure preuve qu'on puisse donner de l'exactitude de cette assertion, ce sont les effets qui se sont produits pendant le fonçage des deux piles intermédiaires, c'est-à-dire le déplacement et même le déversement du massif de fondation, et leur rétablissement dans une position à peu près normale; les dimensions de ces massifs étaient moindres que celles des fondations des piles-culées, et elles étaient à peine suffisantes ainsi pour résister aux efforts provenant des déplacements de graviers, et pour conserver une position stable dans un sol aussi mobile que celui de cette partie du fleuve.

Cette situation est toute spéciale évidemment au lit du Rhin, et, bien qu'il ne puisse pas entrer dans notre pensée d'en conclure d'une manière générale que les fondations tubulaires n'ont pas assez de stabilité, il est hors de doute que leur résistance doit être moindre dans tous les cas que celle d'un massif homogène de maçonnerie.

Cette considération capitale aurait donc suffi pour justifier, dans l'espèce surtout, l'emploi du système de fondations par caissons, lors même qu'il en serait résulté une augmentation de dépense considérable.

Un des articles de dépenses les plus importants, et qui pourrait être sujet à discussion, c'est celui relatif au pont de service et aux échafaudages autour des piles en rivière.

Ces dépenses se sont élevées, d'après les indications précédentes, à 800,000 francs, et un tel chiffre pour un travail provisoire peut paraître considérable et hors de proportion avec les avantages qui ont pu en résulter. Quelques mots suffiront pour démontrer qu'il n'en a pas été ainsi.

Et d'abord, il faut se rappeler que le pont de service et même les échafaudages qui entouraient les piles avaient été projetés et exécutés dans l'hypothèse où ils seraient utilisés en dernier lieu pour la mise en place du pont en treillis, et qu'évidemment ils auraient pu avoir des dimensions moindres, si on les avait considérés d'abord comme ne devant servir qu'à l'exécution des travaux de fondation et de maçonnerie des piles; ainsi, par exemple, le pont aurait pu n'être fait dans ce cas que pour une voie simple, au lieu de deux.

Mais examinons la question d'utilité. Sous ce point de vue, il faut considérer séparément le pont de service et les échafaudages avec les vannages d'enceinte, et la dépense de 800,000 francs peut être subdivisée comme suit :

Pont de service (charpenterie et serrurerie)	500,000 francs.
Echafaudage et vannage d'enceinte. (*id.*)	300,000
Total égal	800,000 francs.

En ce qui concerne les échafaudages, il est certain qu'ils auraient toujours été indispensables, en partie du moins, quel que soit le système de fondation qu'on eût employé ; il aurait toujours été nécessaire, par exemple, d'entourer les piles de vannages, pour pouvoir opérer dans une eau tranquille, toute espèce de travail étant impossible dans un courant aussi rapide que celui des eaux du Rhin, dont la vitesse est souvent de 4 à 5 mètres par seconde ; la majeure partie de la dépense afférente aux échafaudages et vannages des piles était donc indispensable dans toute circonstance.

Relativement au pont de service, il est évident qu'au moyen de son installation et des hangars recouvrant les piles on a pu travailler en tout temps, le jour comme la nuit, et que le transport des matériaux de toute nature s'est opéré dans les meilleures conditions possibles.

Si le pont de service n'eût pas existé, au contraire, il aurait fallu approcher en bateau tous les matériaux employés à la construction des piles ; mais alors, comme les abords de ces piles se seraient trouvés, tantôt sous l'eau et tantôt à sec au milieu de bancs de graviers, et en conséquence inabordables parfois en bateau, le transport des matériaux eût éprouvé des lenteurs et des difficultés continuelles ; il eût été beaucoup plus coûteux, et le travail aurait été complétement ralenti. Il n'y a certainement pas d'exagération à dire que, dans ces conditions, on eût mis une année de plus à exécuter les travaux du pont du Rhin ; il n'était pas possible qu'il en fût ainsi, puisque, d'après les prescriptions de la convention internationale, le pont du Rhin devait être exécuté dans le délai de trois ans, à dater du 19 juin 1858.

L'exécution d'un pont de service était donc encore une nécessité résultant et de l'état du fleuve sur lequel on devait opérér, et des conditions imposées par la convention internationale.

On a exécuté à Szegedin, sur le Theiss, un pont en employant le système tubulaire pour les fondations des piles, et le lit de cette rivière étant, comme le Rhin à Kehl, encombré de bancs de graviers pendant les basses eaux, on a jugé indispensable aussi d'établir un pont de service général.

Mais, en admettant même que toutes ces considérations n'eussent pas motivé suffisamment ce pont de service, il y aurait eu intérêt à l'exécuter pour abréger d'une année le délai de la construction du pont du Rhin. La dépense qui en est résultée est compensée largement par la diminution de la perte d'intérêt sur le prix de revient de l'embranchement de Strasbourg à Kehl, et par l'augmentation de recettes déterminée sur le réseau des chemins de fer français et badois, par la mise en exploitation de cet embranchement.

. Si nous voulons maintenant entrer dans les détails, nous prouverons facilement que les travaux de toute nature ont été exécutés dans les conditions de prix ordinaires.

Les travaux de terrassement, de dragage et de maçonnerie ont été exécutés d'après la série de prix admise en 1856 pour les travaux de fortifications de la place de Strasbourg, avec une augmentation de 2 pour 100 seulement, et aux conditions énoncées dans le cahier de charges du génie militaire.

Il en a été à peu près de même pour les travaux de charpenterie et de grosse serrurerie.

On a traité, pour les dragages à opérer dans l'intérieur des caissons, au prix de 27 francs par mètre cube, alors qu'un autre entrepreneur, qui avait déjà fait exécuter des travaux de même nature au pont sur l'Allier, avait fait des propositions toutes différentes.

Dans le système tubulaire, ce prix s'est élevé jusqu'à 100 francs, mais il est vrai de dire que le cube à extraire était beaucoup moins considérable.

Les maçonneries au-dessus des caissons ont été exécutées au prix et conditions ordinaires de maçonnerie exécutée à sec.

Les grands caissons de fondations sont revenus en moyenne à 0 fr. 82 c. le kilogramme, comme suit :

Caisson proprement dit, d'un poids de.	28,705k	= 22,938f,58c	= 0f,80c
Pied de cheminée d'air et clapet, d'un poids de.	1,545	= 1,436 ,22	= 0 ,90
Base de la cheminée d'eau *id*.	2,139 ,50	= 2,036 ,31	= 0 ,95
Rallonge de la cheminée d'eau *id*.	374	= 339 ,65	= 0 ,31
Totaux.	32,763k,50	= 26,750f,76c	= 0f,82c

Les chambres à air, d'un poids de 5,720 kilogrammes, sont revenues moyennement à 1 fr. 05 le kilogramme.

Le prix des viroles des cheminées, d'un poids de 613k,84 pour les viroles des cheminées à air, et de 834k,33 pour celles des cheminées à eau, a été en moyenne de 0 fr. 85 c. le kilogramme.

Il a été établi des viroles dans l'usine de Graffenstaden et dans les ateliers de la Compagnie à Mulhouse, et le prix de revient a été à peu près le même.

Nous avons donné déjà des indications relatives aux dépenses d'entretien et de consommation des machines soufflantes ; sans revenir sur ces détails, nous nous bornerons à faire observer qu'elles eussent été plus considérables si nous avions voulu les faire faire à forfait, parce que les entrepreneurs auraient voulu nécessairement supputer toutes les éventualités qui pouvaient se présenter.

Quant aux travaux de la superstructure, les prix de chaque nature d'ouvrage ont été déterminés après adjudication, et ils sont encore restés dans les conditions ordinaires, comme on peut en juger par les détails ci-dessous :

Les fers et tôles du pont en treillis, y compris toute fourniture, transport à pied d'œuvre et mise en place, le kilogramme.	0f,645
Les fontes des garde-corps et des plaques inférieures, comme dessus.	0 ,473
Les fontes de portiques, de clochetons et statues, comme dessus. . .	0 ,602
Les fers, tôle, bronze et fonte des ponts tournants, y compris le mécanisme, les garde-corps, les candélabres, comme dessus	0 ,733

Les dépenses faites pour la construction du pont sur le Rhin à Kehl sont, en définitive, nous le répétons, ce qu'elles devaient être dans les circonstances où les travaux ont dû être exécutés, conformément aux prescriptions de la convention internationale, et il n'était pas possible pour un ouvrage d'art de cette importance, et surtout avec l'application première d'un système nouveau pour ses fondations, d'en évaluer à l'avance le prix de revient.

Nous ne prétendons pas, toutefois, qu'on atteindrait le chiffre de ces dépenses, s'il y avait à exécuter un autre pont dans le même système de fondations et de construction.

MM. les ingénieurs qui en seraient chargés pourraient évidemment faire des économies, en profitant de l'expérience acquise, et en ayant égard aux observations faites, ainsi qu'aux indications données, dans le cours du présent Mémoire.

ANNEXES.

I

EXTRAIT D'UN DÉCRET *impérial, du* 20 *avril* 1854, *relatif au rachat de la ligne de Strasbourg à Bâle et à Wissembourg, et au raccordement du chemin français au chemin grand-ducal par un pont sur le Rhin, à Kehl.*

NAPOLÉON, par la grâce de Dieu et la volonté nationale, Empereur des Français,

A tous présents et à venir, salut :

Sur le rapport de notre ministre secrétaire d'Etat au département de l'agriculture, du commerce et des travaux publics;

Vu la loi, etc. ;

Vu la convention provisoire passée aujourd'hui entre notre ministre de l'agriculture, du commerce et des travaux publics, et la Compagnie des chemins de fer de l'Est;

Notre Conseil d'Etat entendu,

Avons décrété et décrétons ce qui suit :

ARTICLE 1er. La convention passée, le 20 avril 1854, entre notre ministre secrétaire d'Etat au département de l'agriculture, du commerce et des travaux publics, et la Compagnie des chemins de fer de l'Est, est approuvée.

En conséquence, toutes les clauses et conditions stipulées dans ladite convention, tant à la charge de l'Etat qu'à la charge de la Compagnie, recevront leur pleine et entière exécution.

ART. 2. La convention ci-dessus mentionnée restera annexée au présent décret.

ART. 3. Notre ministre secrétaire d'Etat au département de l'agriculture, du commerce et des travaux publics est chargé de l'exécution du présent décret, lequel sera inséré au *Bulletin des lois*.

Fait au palais des Tuileries, le 20 avril 1854.

Signé : NAPOLÉON.

Par l'Empereur :

Le ministre secrétaire d'Etat au département de l'agriculture, du commerce et des travaux publics,

Signé : P. MAGNE.

II

EXTRAIT DE LA CONVENTION *relative au rachat de la ligne de Bâle, et au raccordement du chemin français au chemin grand-ducal par un pont sur le Rhin, à Kehl.*

L'an mil huit cent cinquante-quatre et le 20 avril,

Entre les soussignés :

Le ministre de l'agriculture, du commerce et des travaux publics, agissant au nom de l'Etat, sous la réserve de l'approbation des présentes par décret de l'Empereur,

D'une part ;

Et la Société anonyme établie à Paris sous la dénomination de Compagnie des chemins de fer de l'Est, ladite Compagnie représentée par MM. :

Le comte Eugène DE SÉGUR, président du Conseil d'administration ; Hippolyte-Paul JAYR ; Vincent DUBOCHET ; baron D'HERVEY ; Louis-Alexandre BAIGNÈRES ; duc DE GALLIERA ; Jean-Baptiste-Edouard ROUX ; Auguste PERDONNET,

Membres du Comité de direction, spécialement autorisés par délibération du Conseil d'administration, en date du 29 décembre 1853 ;

Ses administrateurs, élisant domicile au siége de ladite Société à Paris, à l'embarcadère dudit chemin, rue de Strasbourg, et agissant en vertu de pouvoirs qui leur ont été donnés par l'Assemblée générale des actionnaires, en date du 28 septembre 1853, pour partie des stipulations ci-après, et pour le surplus sous la réserve de l'approbation de cette Assemblée générale dans un délai de trois mois au plus tard,

D'autre part;

Il a été convenu ce qui suit :

1°...

2° Il est fait concession à la Compagnie des chemins de fer de l'Est, qui l'accepte, d'un chemin de fer destiné à relier, sans solution de continuité, la ligne de Paris à Strasbourg avec le chemin de fer grand-ducal. Ce chemin de fer partira de la gare de Strasbourg et aboutira à la rive gauche du Rhin, en face de Kehl, en un point qui sera déterminé par l'administration supérieure, la Compagnie entendue; il franchira le Rhin au moyen d'un pont qui sera disposé de manière à livrer deux voies pour le passage des trains, et à ouvrir, sur une chaussée empierrée et bordée de trottoirs, une communication entre les deux rives du fleuve pour la circulation des voitures et des piétons.

3° La Compagnie s'engage à exécuter les travaux du chemin de fer et du pont, dès qu'un traité international à intervenir aura autorisé l'établissement du pont, ainsi que le raccordement du chemin de fer grand-ducal avec la ligne française, et aura réglé les conditions de la construction, la répartition de la dépense entre les deux pays, et le péage à percevoir sur la partie destinée à la circulation des voitures, piétons, chevaux, bestiaux, etc.

Le chemin de fer et le pont devront être construits et livrés à l'exploitation trois ans après que la Compagnie aura reçu avis de la ratification du traité international.

4° La Compagnie prendra entièrement à sa charge la dépense à laquelle donneront lieu l'exécution du chemin de fer de Strasbourg à la rive gauche du Rhin et les travaux de la partie du pont comprise sur le territoire français.

Elle est dès à présent autorisée :

1° A occuper, moyennant une redevance annuelle de 10 francs par hectare, les terrains appartenant à l'Etat, et qui seront nécessaires à l'établissement de la voie et de ses dépendances;

2° A percevoir, pour le passage sur la partie française du pont du grand Rhin et en sus du parcours réel, la taxe d'un kilomètre par chaque somme de 300,000 francs, employée à la construction de cette partie du pont, sans que, dans aucun cas, le nombre de kilomètres auquel s'appliquera cette taxe supplémentaire puisse être supérieur à cinq;

3° A percevoir, pour le passage sur la même partie des voitures, piétons, chevaux, bestiaux, etc., le tarif qui aura été fixé, d'accord entre le gouvernement français et le gouvernement grand-ducal.

Il est dès à présent entendu qu'un tarif provisoire sera réglé pour une durée de cinq ans, et qu'à cette époque il sera substitué, à ce tarif provisoire, un tarif définitif établi de manière à assurer à la Compagnie l'amortissement, en quatre-vingt-quatorze ans, du capital employé par elle à la construction de la partie dudit pont affectée à la circulation ordinaire, et l'intérêt à 6 pour 100 de ce capital.

Le tarif provisoire, dont il est ci-dessus fait mention, sera déterminé d'un commun accord par le gouvernement français et par le gouvernement grand-ducal.

5°...

6°...

7° La présente convention et les actes y annexés ne seront passibles que du droit fixe de 1 franc.

Le ministre de l'agriculture, du commerce et des travaux publics,

Signé : MAGNE.

Signé : Comte DE SÉGUR ; H. JAYR ; DUBOCHET ; D'HERVEY ; BAIGNÈRES ; duc DE GALLIERA ; ROUX ; Auguste PERDONNET.

III

DÉCRET IMPÉRIAL *portant promulgation de la convention conclue, le 2 juillet 1857, entre la France et le grand-duché de Bade, pour la construction de ponts sur le Rhin.*

NAPOLÉON, par la grâce de Dieu et la volonté nationale, Empereur des Français,

A tous présents et à venir, salut :

Sur le rapport de notre ministre secrétaire d'Etat au département des affaires étrangères,

Avons décrété et décrétons ce qui suit :

ARTICLE 1er. Une convention ayant été signée, le 2 juillet 1857, entre la France et le grand-duché de Bade, pour la construction de ponts sur le Rhin, et les ratifications de cet acte ayant été échangées à Carlsruhe, le 21 du présent mois de juillet, ladite convention, dont la teneur suit, recevra sa pleine et entière exécution.

CONVENTION. Sa Majesté l'Empereur des Français et Son Altesse Royale le grand-duc de Bade, également animés du désir de faciliter et d'accroître les relations entre leurs Etats, convaincus de l'urgente nécessité d'augmenter, à cet effet, le nombre des moyens de communication actuellement existants sur le Rhin, dans son parcours entre les frontières respectives, et voulant, sous ce rapport, assurer l'exécution des prévisions expresses de l'article 21 de la convention de limites signée à Carlsruhe, le 5 avril 1840, sont convenus de régler, par un accord mutuel reposant sur le principe d'une exacte réciprocité et d'une parfaite égalité d'avantages, l'établissement des nouveaux ponts, bacs ou passages réclamés par les besoins commerciaux des deux pays.

Dans ce but, ils ont nommé pour leurs plénipotentiaires, savoir :

Sa Majesté l'Empereur des Français, le sieur Hercule, vicomte de Serre, officier de son ordre impérial de la Légion d'honneur, grand officier de l'ordre impérial du Medjidié, commandeur des ordres de Léopold d'Autriche, de Charles III d'Espagne et de la Conception de Portugal, etc., etc., son ministre plénipotentiaire près Son Altesse Royale le grand-duc de Bade;

Et Son Altesse Royale le grand-duc de Bade, le sieur Guillaume, baron de Meysenbug, chevalier, grand-croix de son ordre du Lion de Zœhringen, grand officier de l'ordre impérial de la Légion d'honneur, etc., etc., son ministre d'Etat au département de sa maison et des affaires étrangères;

Lesquels, après avoir échangé leurs pleins pouvoirs respectifs, trouvés en bonne et due forme, sont convenus des articles suivants :

ARTICLE 1er. Une Commision mixte spéciale, formée de délégués des deux Etats, se réunira à Carlsruhe ou à Strasbourg, dans le plus bref délai possible, pour fixer et déterminer, sous réserve de la sanction des gouvernements respectifs, les divers points où l'intérêt des deux Etats réclame le plus impérieusement l'établissement, sur le Rhin, de nouveaux passages, ponts fixes ou volants, bacs, etc., etc.

ART. 2. Les deux hautes parties contractantes, considérant dès aujourd'hui l'établissement d'un pont fixe, entre Strasbourg et Kehl, comme une mesure absolument indispensable pour étendre les relations commerciales entre la France et l'Allemagne, et donner aux transports internationaux des chemins de fer respectifs tout le développement qu'ils comportent, conviennent de procéder immédiatement à la construction de ce pont.

ART. 3. La présente convention sera ratifiée, et les ratifications en seront échangées à Carlsruhe, dans le délai de six semaines, ou plus tôt, si faire se peut.

En foi de quoi, les plénipotentiaires respectifs l'ont signée et y ont apposé le cachet de leurs armes.

Fait à Carlsruhe, le deuxième jour du mois de juillet de l'an de grâce 1857.

(*L. S.*) *Signé :* SERRE; (*L. S.*) *Signé :* MEYSENBUG.

ART. 2. Notre ministre et secrétaire d'Etat au département des affaires étrangères est chargé de l'exécution du présent décret.

Fait à Plombières, le 24 juillet 1857.

NAPOLÉON.

Vu et scellé du sceau de l'Etat :
Le garde des sceaux, ministre de la justice,
ABBATUCCI.

Par l'Empereur :
Le ministre des affaires étrangères,
A. WALEWSKI.

IV

DÉCRET IMPÉRIAL *portant promulgation de la convention conclue, le 16 novembre 1857, entre la France et le grand-duché de Bade, pour l'établissement d'un pont fixe sur le Rhin et d'un chemin de fer de Strasbourg à Kehl.*

NAPOLÉON, par la grâce de Dieu et la volonté nationale, Empereur des Français, à tous présents et à venir, salut.

Sur le rapport de notre ministre secrétaire d'Etat au département des affaires étrangères,

Avons décrété et décrétons ce qui suit :

ARTICLE 1er. Une convention ayant été conclue, le 16 novembre 1857, entre la France et le grand-duché de Bade, pour l'établissement d'un pont fixe sur le Rhin et d'un chemin de fer de Strasbourg à Kehl, et les ratifications de cet acte ayant été échangées à Carlsruhe, le 13 juin 1858, ladite convention, dont la teneur suit, recevra sa pleine et entière exécution.

CONVENTION. Sa Majesté l'Empereur des Français et Son Altesse Royale le grand-duc de Bade, voulant régler de concert l'exécution de l'article 2 de la convention du 2 juillet 1857, pour la construction de ponts fixes sur le Rhin, et déterminer les conditions d'établissement d'un chemin de fer de Strasbourg à Kehl, ont confié à une Commission composée,

Du côté de la France, de

M. Mary, inspecteur général des ponts et chaussées, à Paris ;

M. Guerre, ingénieur en chef des ponts et chaussées, à Strasbourg;

M. Foy, lieutenant-colonel du génie, à Strasbourg ;

Du côté de Bade, de

M. François Keller, conseiller supérieur de la direction des ponts et chaussées, à Carlsruhe ;

M. Georges Sexauer, conseiller à la direction des chemins de fer, à Carlsruhe ;

M. César Heusch, major d'artillerie, à Rastadt,

le soin de préparer les bases d'un accord à cet égard, et ont nommé pour leurs plénipotentiaires, à l'effet de rédiger et conclure une convention formelle fondée sur le résultat des travaux de ladite Commission, savoir :

Sa Majesté l'Empereur des Français, le sieur Hercule, vicomte de Serre, officier de son ordre impérial de la Légion d'honneur, grand-croix de l'ordre grand-ducal du Lion de Zœhringen, grand officier de l'ordre impérial du Medjidié, commandeur des ordres de Léopold d'Autriche, de Charles III d'Espagne et de la Conception de

Portugal, etc., etc., son ministre plénipotentiaire près Son Altesse Royale le grand-duc de Bade ;

Son Altesse Royale le grand-duc de Bade, le sieur Guillaume, baron de Meysenbug, chevalier grand-croix de son ordre du Lion de Zœhringen, grand officier de l'ordre impérial de la Légion d'honneur, etc., etc., etc., son ministre d'Etat au département de sa maison et des affaires étrangères ;

Lesquels, après s'être communiqué leurs pleins pouvoirs, trouvés en bonne et due forme, sont convenus des articles suivants :

Article 1er. La jonction entre les gares de Strasbourg et de Kehl sera effectuée par la construction d'un chemin de fer et d'un pont fixe sur le Rhin.

La ligne de fer partira de la gare de Strasbourg, se dirigera par une courbe, d'abord vers le nord, puis tournera vers l'est, longera les fortifications extérieures au nord de Strasbourg, franchira le petit Rhin à l'est de la citadelle, sera continuée dans une direction à peu près parallèle à la grande route de Strasbourg à Kehl, jusqu'au Rhin, et traversera ce fleuve en aval du pont de bateaux, suivant une ligne normale aux deux rives, de manière à aboutir dans la gare de Kehl, qui sera accolée à l'extrémité méridionale du port de cette ville ; ce qui suppose que le point d'arrivée sur la rive droite se trouvera à 90 mètres (300 pieds) environ de l'extrémité orientale du pont de bateaux.

2. Le chemin de fer sera à deux voies sur toute sa longueur.

Toutes les constructions de la ligne de jonction, ainsi que du pont du Rhin, seront exécutées de manière à pouvoir admettre la libre circulation du matériel roulant des chemins de fer français et badois.

Dans ce but, il a été stipulé ce qui suit :

1° Les inclinaisons des voies ne dépasseront pas un deux-centième (1/200) de la longueur.

2° La distance entre les bords intérieurs des rails d'une voie sera de 1m,44 (4p,78).

3° La distance minimum entre les bords extérieurs des rails de deux voies sera de 1m,80 (6 pieds).

4° La distance de toute construction solide et élevée à côté de la voie sera au moins de 2 mètres (6p,2/3) de l'axe de la voie.

5° Les passages devront présenter une hauteur libre de 4m,80 (16 pieds) au-dessus et à l'aplomb des rails.

6° Le rayon des courbes en dehors des gares sera au moins de 400 mètres (1,333 pieds), et dans les gares au moins de 300 mètres (1,000 pieds).

3. 1° La hauteur du dessous des travées en contre-haut des plus grandes eaux de 1852 sera de 1m,50 (5 pieds).

2° L'épaisseur du tablier du pont, y compris la hauteur des rails, ne dépassera pas 48 centimètres (1p,6).

3° Le pont aura deux voies et portera, de chaque côté, des passerelles, pour les piétons, de 1m,50 (5 pieds) de largeur.

4° La longueur du pont entre culées sera de 235 mètres (783p,1/3).

5° Le pont se composera d'une partie fixe au milieu, et de deux travées mobiles aux extrémités, devant les culées de chaque rive.

La partie fixe du milieu sera un pont à treillis en fer, et formera trois travées égales, chacune de 56 mètres (186p,2/3) entre les piles.

Les deux piles du milieu seront composées de tubes en fonte, et les deux piles extrêmes, servant en même temps de support pour les travées mobiles, seront construites en maçonnerie.

Les travées mobiles formées de poutres en tôle, pleines, seront des ponts tournants dont les pivots et le mécanisme nécessaire à la manœuvre du pont tournant reposeront sur les culées en maçonnerie.

La largeur de chacune des passes navigables sous les travées mobiles dont il a été fait mention ci-dessus sera de 26 mètres (86p,2/3).

6° Chaque pile intermédiaire des travées fixes sera composée de trois tubes en fonte de 3 mètres (10 pieds) de diamètre; ce qui leur suppose une largeur de 3 mètres (10 pieds), et une longueur de 12 mètres (40 pieds) environ.

Les deux piles extérieures en maçonnerie auront une épaisseur de 4m,50 (15 pieds), et une longueur de 21 mètres (70 pieds) chacune environ.

7° Les susdites épaisseurs des piles, ainsi que les ouvertures libres du pont, sont mesurées au-dessous des corniches des piles ou culées.

8° Le tablier du pont sera supporté par trois poutres.

9° Les tubes en fonte, pieux en chêne, etc., pour les fondations des piles, descendront au moins à 15 mètres (50 pieds) au-dessous des plus basses eaux, et pour celles des culées, au moins à 12 mètres (40 pieds) de profondeur en contre-bas des plus basses eaux connues.

10° La maçonnerie des parements des piles et culées prendra naissance à 2 mètres (6p,2/3) au moins au-dessous du niveau des plus basses eaux.

11° Les fondations des piles et culées seront défendues par des enrochements qui ne s'élèveront pas à plus de 2 mètres (6p,2/3) de hauteur au-dessous des plus basses eaux.

12° Les deux piles intermédiaires, en fonte, seront protégées par des brise-glaces en chêne, placés à distance convenable en amont.

4. Chacun des deux gouvernements, ou, s'il y a lieu, la Compagnie concessionnaire qui le représentera, supportera les dépenses de construction et de l'entretien du chemin de fer sur son territoire respectif, ainsi que la moitié des dépenses de construction du pont sur le Rhin, et les dépenses de l'entretien de la moitié du pont adjacente à sa rive, sauf autre arrangement à intervenir entre les hautes parties contractantes.

Chacun des deux gouvernements sera propriétaire de la moitié du pont adjacente à sa rive.

5. Les projets d'exécution et de détail du pont sur le Rhin, dressés sur les bases

de la présente convention, seront concertés entre les ingénieurs français et badois, et soumis à l'approbation de leurs gouvernements respectifs.

Le mode et les moyens d'exécution des travaux seront concertés entre la Compagnie concessionnaire française et l'administration des travaux publics du Grand-Duché.

Les travaux devant être exécutés par un seul et même entrepreneur général, il ne sera fait par lui aucune distinction de nationalité pour le choix des entrepreneurs particuliers, fournisseurs et ouvriers.

La haute surveillance des travaux du pont sera exercée concurremment par les gouvernements contractants.

6. Par le mode de construction ci-dessus déterminé, les intérêts militaires sont considérés comme généralement garantis.

Les hautes parties contractantes se réservent néanmoins la faculté de prendre, sur leurs territoires respectifs et aux abords du pont, les dispositions qu'elles jugeront nécessaires pour la plus grande sûreté de leur frontière.

7. Le délai d'exécution des travaux du pont sur le Rhin, ainsi que du chemin de fer reliant les deux gares, est fixé à un maximum de trois ans.

8. Les hautes parties contractantes conviennent que les convois des deux chemins de fer seront admis à circuler, les uns comme les autres, entre les gares de Strasbourg et de Kehl, et à stationner dans ces gares. Un accord ultérieur entre les autorités administratives des deux pays réglera d'ailleurs le service d'exploitation d'une gare à l'autre.

9. Les conditions du passage public des piétons sur les passerelles du pont du chemin de fer, le service de ces passerelles et la taxe à payer seront réglés par un arrangement spécial.

10. Le pont de bateaux actuel sera conservé pour le passage des voitures et des piétons, circulant sur la route de Strasbourg à Kehl.

11. La présente convention sera ratifiée, et les ratifications en seront échangées à Carlsruhe dans le plus bref délai possible.

En foi de quoi les plénipotentiaires respectifs l'ont signée et y ont apposé le sceau de leurs armes.

Fait à Carlsruhe, le seizième jour du mois de novembre de l'an de grâce mil huit cent cinquante-sept.

(*L. S.*) *Signé :* SERRE. (*L. S.*) *Signé :* MEYSENBUG.

ART. 2. Notre ministre et secrétaire d'Etat au département des affaires étrangères est chargé de l'exécution du présent décret.

Fait à Fontainebleau, le 19 juin 1858.

Signé : NAPOLÉON.

Vu et scellé du sceau de l'Etat :
Le garde des sceaux, ministre de la justice,
Signé : E. DE ROYER.

Par l'Empereur :
Le ministre des affaires étrangères,
Signé : A. WALEWSKI.

V

CONVENTION *conclue entre la Compagnie concessionnaire des chemins de fer de l'Est et l'administration des ponts et chaussées du grand-duché de Bade, pour l'exécution des travaux.*

L'article 5 de la convention provisoire entre la France et le grand-duché de Bade, en date du 16 novembre 1857, concernant la construction d'un chemin de fer avec pont fixe sur le Rhin entre Strasbourg et Kehl, établissait la réserve de s'entendre ultérieurement entre la Compagnie concessionnaire française et l'administration des ponts et chaussées du grand-duché sur le mode de construction et d'exécution du pont.

Pour ce motif, les soussignés, commissaires délégués par leurs administrations respectives, savoir :

Pour la Compagnie concessionnaire des chemins de fer de l'Est :

M. Perdonnet (Auguste), administrateur, membre du Comité de direction, assisté de :

M. Vuigner (Emile), ingénieur en chef de ladite Compagnie;

M. Fleur Saint-Denis (Edouard), ingénieur principal de la 6e division;

Et pour l'administration des ponts et chaussées du grand-duché de Bade :

M. Baer (Joseph), conseiller du ministère de l'intérieur et directeur des ponts et chaussées, assisté de :

M. Keller (François), conseiller supérieur de ladite administration;

Lesdits commissaires se sont réunis en conférence à Carlsruhe, cejourd'hui deux juin mil huit cent cinquante-huit, et sont convenus des conditions suivantes :

§ 1er.

L'exécution du pont susnommé aura lieu d'après les conditions générales énoncées dans le traité international provisoire et se fera par les deux administrations intéressées, comme il est indiqué ci-après :

1° La Compagnie concessionnaire des chemins de fer de l'Est se chargera de l'exécution des piles et des culées;

2° L'administration des ponts et chaussées du grand-duché de Bade se chargera par contre de l'exécution de toute la superstructure en fer des deux ponts tournants, ainsi que de celle de la partie fixe du pont.

Il est entendu toutefois que, si l'administration badoise demandait l'exécution de dispositions défensives spéciales ayant pour effet de modifier les projets arrêtés pour l'exécution de la culée située sur la rive du grand-duché, la partie des travaux de ladite culée qui devrait être ainsi modifiée, serait réservée pour être exécutée par l'administration des ponts et chaussées du grand-duché de Bade.

§ 2.

Les dépenses de toute nature à faire pour l'exécution de la superstructure en fer, des quatre piles et des deux culées mentionnées ci-dessus, se feront de compte à demi entre les deux administrations contractantes.

Toutefois, dans le cas prévu à l'article précédent où l'administration des ponts et chaussées du grand-duché de Bade exécuterait une partie des travaux de la culée rive droite, l'excédant de dépense occasionné par la partie ainsi exécutée resterait exclusivement à la charge de l'administration badoise.

§ 3.

D'après les conditions du paragraphe 1er et celles du traité international mentionné plus haut, fixant le mode d'exécution du pont,

MM. les ingénieurs de la Compagnie concessionnaire des chemins de fer de l'Est, ci-dessus désignés, se chargeront de la rédaction des plans, dessins et devis relatifs à la construction des quatre piles et des deux culées, ainsi que de tous les plans ou indications pour les travaux accessoires et l'exécution du matériel nécessaire.

M. l'ingénieur en chef badois susnommé se chargera de la rédaction des plans et devis relatifs à ce qui concerne la superstructure du pont.

Lesdits ingénieurs auront alors à s'entendre tant sur leurs projets particuliers que sur ce qui concerne le projet d'ensemble du pont. Ce dernier projet, fait en double expédition, devra être soumis à l'approbation des deux administrations contractantes, pour être ensuite arrêté définitivement par leurs gouvernements respectifs, conformément à l'article 5 du traité international provisoire.

§ 4.

Le piquetage de l'axe du pont et la hauteur du niveau de cet axe se fera en commun par les ingénieurs respectifs préposés à la construction et selon les bases du projet approuvé par les deux administrations. Ce piquetage devra être garanti suffisamment contre les accidents qui pourraient le faire varier.

§ 5.

Chacune des deux administrations sera libre, dans l'exécution de la partie du pont qui lui est dévolue d'après le paragraphe 1er, de faire usage des moyens de construction qui lui conviendront.

Cependant, pour ce qui concerne la conclusion des marchés définitifs pour les travaux les plus importants, les conditions relatives à ces marchés et fixées par l'une des administrations devront être soumises préalablement à l'autre administration. Tous les marchés devront contenir une clause spéciale relative au délai accordé pour leur exécution, et fixer rigoureusement l'époque à laquelle les travaux qui en font l'objet devront être complétement terminés, sous peine d'amende ou de retenue en cas de retard.

Ces clauses seront de rigueur et nullement comminatoires.

§ 6.

Le défaut d'espace libre sur la rive droite du Rhin à cause du rapprochement de la gare de Kehl et d'autres constructions projetées, ne permettant pas d'établir convenablement des ateliers pour l'exécution des poutres en treillis du pont, la Compagnie concessionnaire des chemins de fer de l'Est se chargera, après la conclusion du marché pour la superstructure en fer, d'exécuter le remblai sur la rive gauche, et de l'amener au niveau de l'assiette des poutres en treillis. Ladite Compagnie autorisera l'entrepreneur de la superstructure à établir sur ce remblai ses ateliers et son chantier pour l'exécution desdits travaux, sans prétendre à aucune indemnité de la part de cet entrepreneur.

§ 7.

Si, dans le cours de l'exécution du pont, il devenait indispensable d'apporter des changements aux plans approuvés, MM. les ingénieurs chargés de la direction supérieure des constructions auraient à délibérer sur ces changements, et, dans le cas de changements importants, ils les soumettraient à l'approbation de leurs administrations respectives.

La même marche serait suivie, dans le cas où l'une des directions de construction aurait à faire des observations sur la non-exécution des conditions du marché, etc., de la part de l'entrepreneur agissant pour le compte de l'autre administration.

§ 8.

Chacune des deux administrations sera chargée provisoirement de la dépense de la partie du pont qu'elle doit exécuter. A l'achèvement de la construction aura lieu un décompte réciproque, dans lequel chaque partie aura droit aux intérêts de 4 pour 100 sur la totalité des déboursés faits pendant le courant de l'année pour à-compte des travaux, ladite somme produisant intérêts à partir du 1er janvier de l'année suivante.

Ces intérêts seront à annexer au capital de la construction.

Les dépenses particulières pour administration ou gérance ne devront être portées en compte que lorsqu'elles seront faites pour la direction ou la surveillance immédiate des travaux; attendu que les frais de gérance ou de direction peuvent être considérés comme équivalents de part et d'autre.

§ 9.

Dans le cas de contestations sur l'exécution ou l'interprétation des clauses et conditions, elles seront jugées par un tribunal arbitral qui sera composé comme suit :

1° M. Mary, inspecteur général des ponts et chaussées de première classe, en France, demeurant à Paris, rue Madame, n° 50;

2° M. Denis, ingénieur en chef des chemins de fer bavarois, demeurant à Munich;

3° M. Sauerbeck (Jean), conseiller supérieur de la direction des ponts et chaussées du grand-duché de Bade.

MM. les arbitres seront dispensés de toute prestation de serment et autres formalités judiciaires; ils devront toutefois prononcer dans le délai de trois mois, après que les contestations leur auront été dénoncées.

Leur sentence sera définitive et en dernier ressort.

§ 10.

Les commissaires soussignés, en proposant la présente convention, réservent l'approbation par leurs administrations respectives des clauses et conditions qui précèdent.

Fait double à Carlsruhe, les jour, mois et an que dessus.

Pour la Compagnie française des chemins de fer de l'Est,

Signé : Aug. PERDONNET.

Signé : E. VUIGNER. *Signé :* FLEUR SAINT-DENIS.

Pour l'Administration des ponts et chaussées du grand-duché de Bade,

Signé : Joseph BAER. *Signé :* FR. KELLER.

Cette convention a été définitivement approuvée par le gouvernement du grand-duché, le 26 juin 1858; elle avait été approuvée par la Compagnie du chemin de fer de l'Est, dès le 12 du même mois.

VI

LETTRE *adressée, le 7 septembre* 1858, *à MM. les membres du Conseil d'administration de la Compagnie du chemin de fer de l'Est.*

Messieurs, j'ai l'honneur de vous informer qu'après examen en Conseil général des ponts et chaussées j'ai approuvé, par décision en date de ce jour, sous les conditions et réserves suivantes, le projet de détail présenté par votre Compagnie, de concert avec l'administration des ponts et chaussées du grand-duché de Bade, pour le pont à construire sur le Rhin entre Strasbourg et Kehl.

1° L'ornementation compliquée des clochetons placés sur chaque pile, et le style de leur architecture ne paraissant pas être en harmonie avec le reste de la construction, la Compagnie devra être invitée à faire une nouvelle étude de cette partie du projet;

2° Le pont devra, après son exécution et avant la mise en exploitation du chemin de fer, être soumis aux épreuves déterminées par la circulaire ministérielle du 26 février 1858.

Recevez, etc.

Le ministre des finances chargé de l'intérim du ministère des travaux publics,

Signé : MAGNE.

VII

LETTRE *de M. le directeur général des ponts et chaussées et chemins de fer badois au Comité de direction des chemins de fer de l'Est à Paris.*

MONSIEUR LE PRÉSIDENT,

Me référant à ma lettre en date du 16 octobre dernier, j'ai l'honneur de vous informer que le gouvernement badois a donné son approbation aux plans du pont sur le Rhin, tels qu'ils ont été arrêtés le 12 août 1858, entre les ingénieurs respectifs des deux pays, sauf toutefois les projets des clochetons en fonte et ceux du couronnement des piles.

Ce n'est pas que le gouvernement ait à y faire des objections au point de vue général, mais il désirerait seulement que les dessins de détail, quand ils seront dressés sur une échelle plus large, fussent soumis à son examen avant leur adoption définitive.

J'aurai l'honneur de vous faire à ce sujet une communication ultérieure.

Le gouvernement français a reçu avis de ce que dessus par les soins de M. le ministre des affaires étrangères de Bade.

Veuillez agréer, etc.

Carlsruhe, le 30 décembre 1858.

Le directeur des ponts et chaussées et des travaux de chemins de fer,

Signé : BAER.

VIII

LETTRE *de S. Exc. M. le ministre des travaux publics à M. le préfet du Bas-Rhin.*

MONSIEUR LE PRÉFET,

La décision ministérielle du 7 septembre 1858, relative au pont à construire sur le Rhin pour le passage du chemin de fer de Strasbourg à Kehl, porte, entre autres dispositions, que, l'ornementation compliquée des clochetons placés sur chaque pile et le style de leur architecture ne paraissant pas être en harmonie avec le reste de la construction, la Compagnie devra être invitée à faire une nouvelle étude de cette partie du projet.

Conformément à cette observation, la question dont il s'agit a été étudiée de nouveau par les ingénieurs badois, de concert avec ceux de la Compagnie des chemins de fer de l'Est, et M. le ministre de Bade, à Paris, m'a fait connaître, par lettre du 18 janvier dernier, que son gouvernement, qui est chargé de l'exécution de la partie métallique du pont, a donné son adhésion au projet arrêté par les ingénieurs des deux pays, dans une réunion qui a eu lieu à Strasbourg le 12 août 1858, mais seulement en ce qui concerne les portails en fonte à établir sur les deux piles extrêmes du pont, et en ajournant toute décision en ce qui concerne les ornements des deux piles du milieu. M. le baron de Semweizer a insisté en même temps pour qu'une prompte décision fût prise à ce sujet par l'administration française.

J'ai placé le dossier de l'affaire sous les yeux du Conseil général des ponts et chaussées, et ce Conseil, après en avoir délibéré, a émis l'avis qu'il y avait lieu d'adhérer au projet approuvé par le gouvernement badois pour les portails en fonte à construire sur les deux piles extrêmes du pont du Rhin.

Cet avis m'a paru devoir être adopté, et j'y ai donné mon approbation, par décision en date de ce jour.

J'ai l'honneur, monsieur le préfet, de vous informer de cette décision, qui sera notifiée officiellement au gouvernement grand-ducal par S. Exc. M. le ministre des affaires étrangères. Je vous prie d'en donner vous-même connaissance à M. l'ingénieur en chef du service du contrôle, ainsi qu'à la Compagnie des chemins de fer de l'Est, et d'en assurer l'exécution en ce qui vous concerne.

Recevez, etc.

Paris, le 9 février 1860.

Pour le ministre des travaux publics et par autorisation, le conseiller d'Etat, etc.,

Signé : T. FRANQUEVILLE.

Pour copie conforme :

Le secrétaire général du Bas-Rhin,

Signé : REBOUL.

IX. — Pile-culée de la rive française.

Tableau résumé des indications du journal de fonçage.

DATES DES CONSTATATIONS à 6 heures du matin.	ENFONCEMENT des caissons dans le gravier		HAUTEUR			SOUS-PRESSION		MAÇONNERIE		CHARGE résistant à la sous-pression			Surface de frottements.
	par jour.	Total.	des eaux du Rhin au-dessus de l'étiage.	d'immersion des caissons au-dessous de l'étiage.	d'immersion totale des caissons.	de l'eau.	au manomètre.	Hauteur totale.	Cube total.	en maçonnerie.	en fer et autres objets.	totale.	
1	2	3	4	5	6	7	8	9	10	11	12	13	14
	m.	m.	m.	m.	m.	k.	atm.	m.	m.	k.	k.	k.	m.
Mars 22	0.20	1.04	1.50	2.75	4.25	660,025	0.400	2.50	310. »	744,000	250,000	994,000	63.44
23	0.78	1.82	1.35	3.53	4.88	757,864	0.475	2.93	363. »	873,648	250,000	1,123,648	106.75
24	0.52	2.34	1.31	4.05	5.36	832,408	0.475	3.58	443. »	1,067,472	250,000	1,317,472	142.74
25	0.26	2.60	1.29	4.31	5.60	869,680	0.500	4.23	525. »	1,260,000	250,000	1,510,000	158.60
26	0.56	3.16	1.40	4.87	6.27	973,731	0.575	4.80	595. »	1,430,400	250,000	1,680,400	192.76
27	0.43	3.59	1.25	5.30	6.55	1,017,215	0.550	5.26	652. »	1,569,600	250,000	1,819,600	219. »
28	0.24	3.83	1.25	5.54	6.79	1,054,487	0.625	5.72	710. »	1,704,000	250,000	1,95,4000	233.63
29	0.28	4.11	1.25	5.82	7.07	1,097,971	0.625	6.25	776. »	1,862,400	253,520	2,115,920	250. »
30	0.25	4.36	1.30	6.07	7.37	1,144,561	0.625	6.25	776. »	1,862,400	253,520	2,115,920	265.96
31	»	»	»	»	»	»	»	»	»	»	»	»	»
Avril 1	»	»	»	»	»	»	»	»	»	»	»	»	»
2	0.19	4.55	1.41	6.26	7.67	1,191,151	0.700	6.25	770. »	1,862,400	263,000	2,125,400	277. »
3	0.20	4.75	1.35	6.46	7.81	1,212,893	0.700	6.25	776. »	1,862,400	328,660	2,191,060	290. »
4	0.15	4.90	1.31	6.61	7.92	1,229,976	0.725	6.50	807. »	1,936,800	328,660	2,265,460	299. »
5	0.31	5.21	1.50	6.92	8.42	1,307,626	0.750	7.10	882. »	2,116,800	328,660	2,445,460	318. »
6	0.41	5.62	1.44	7.33	8.77	1,361,981	0.800	7.65	950. »	2,280,000	328,660	2,608,660	343. »
7	0.42	6.04	1.51	7.75	9.26	1,438,078	0.850	8.15	1,010. »	2,428,800	328,660	2,757,460	368. »
8	0.47	6.51	1.53	8.22	9.75	1,514,175	0.900	8.70	1,081. »	2,594,400	328,660	2,923,060	397. »
9	0.43	6.94	1.53	8.65	10.18	1,580,954	0.950	9.34	1,160. »	2,832,000	335,860	3,167,860	425. »
10	0.33	7.27	1.67	8.98	10.65	1,653,915	1.000	9.34	1,160. »	2,832,000	335,860	3,167,860	443. »
11	0.38	7.65	1.86	9.36	11.22	1,742,366	1.025	9.80	1,217. »	2,968,800	335,860	3,304,660	466. »
12	0.37	8.02	1.96	9.73	11.69	1,815,457	1.100	10.34	1,284. »	3,129,600	335,860	3,417,460	489. »
13	0.44	8.46	1.96	10.17	12.13	1,883,789	1.200	10.80	1,342. »	3,270,800	339,060	3,559,860	516.06
14	0.30	8.76	2.05	10.47	12.52	1,944,356	1.200	10.84	1,342. »	3,270,800	339,060	3,559,860	534.36
15	0.53	9.29	2.15	11.00	13.15	2,042,195	1.300	11.38	1,413. »	3,591,700	380,530	3,882,230	566.69
16	0.10	9.39	2.28	11.10	13.38	2,077,014	1.300	11.79	1,464. »	3,624,100	382,850	4,006,950	572.79
17	0.06	9.45	2.30	11.16	13.46	2,090,338	1.300	11.79	1,464. »	3,624,100	382,850	4,006,950	576.46
18	»	»	»	»	»	»	»	»	»	»	»	»	»
19	0.25	9.70	1.94	11.41	13.35	2,073,255	1.300	12.10	1,503. »	3,727,200	382,850	4,110,050	591.70
20	0.25	9.95	1.96	11.64	13.60	2,112,080	1.300	12.25	1,522. »	3,797,300	382,850	4,180,150	606.95
21	0.26	10.21	2.08	11.90	13.98	2,171,094	1.300	12.25	1,522. »	3,797,300	382,850	4,180,150	622.81
22	0.32	10.53	2.20	12.22	14.44	2,212,[illegible]32	1.300	12.25	1,522. »	3,797,300	382,850	4,180,150	642.33
23	0.32	10.85	2.70	12.54	15.24	2,366,772	1.400	12.50	1,548. »	3,859,700	382,850	4,242,550	661.85

DATES DES CONSTATATIONS à 6 heures du matin.	ENFONCEMENT des caissons dans le gravier		HAUTEUR			SOUS-PRESSION		MAÇONNERIE		CHARGE résistant à la sous-pression.			Surface de frottements.
	par jour.	Total.	des eaux du Rhin au-dessus de l'étiage.	d'immersion des caissons au-dessous de l'étiage.	d'immersion totale des caissons.	de l'eau.	au manomètre.	Hauteur totale.	Cube total.	en maçonnerie.	en fer et autres objets.	totale.	
1	2	3	4	5	6	7	8	9	10	11	12	13	14
	m.	m.	m.	m.	m.	k.	atm.	m.	m.	k.	k.	k.	m.
Avril 24	»	»	»	»	»	»	»	»	»	»	»	»	»
25	0.17	11.02	2 90	12.71	15.61	2,427,339	1.500	12.50	1,548. »	3,868,200	382,850	4,251,050	672.22
26	0.20	11.22	2.47	12.91	15.38	2,388,514	1.500	12.91	1,607. »	4,002,600	382,850	4,305,450	684 42
27	0.36	11.58	2.36	13.27	15.63	2,427,339	1.500	13.50	1,677. »	4,179,800	382,850	4,562,650	700.38
28	0.35	11.83	2.29	13.52	15.81	2,455,293	1.500	13.70	1,702. »	4,239,800	382,850	4,622,300	721.63
29	0.27	12.10	2.21	13.79	15.80	2,453,740	1 500	14.00	1,739. »	4,328,000	382,850	4,710,850	738. »
30	0.34	12.44	2.23	14.13	16.36	2,540,708	1 500	14.00	1,739. »	4,328,000	382,850	4,610,850	758. »
Mai 1er	0.16	12.60	2.44	14.29	16.73	2,597,169	1.600	14.00	1,739. »	4,328,000	382,850	4,710,850	768.60
2	0.32	12.92	2 34	14.61	16.95	2,632,335	1.650	14.25	1,770. »	4,409,500	412,314	4,821,814	788.12
3	0.28	13.20	2 36	14.89	17.25	2,678,925	1.600	14 35	1,782. »	4,438,300	415,834	4,854,134	805.20
4	0.23	13.43	2.30	15.12	17.42	2,705,326	1.600	14.50	1,801.31	4,557,900	415,834	4,973,734	819.23
5	0 03	13.46	2.36	15.15	17.51	2,719,303	1.600	14.60	1,814. »	4,647,364	415,834	5,063,198	821.06
6	»	»	»	»	»	»	»	»	»	»	»	»	»
7	0.04	13.50	2.49	15.19	17.68	2,745,704	1.700	14.60	1,814. »	4,701,076	415,834	5,116,910	823.50
8	»	»	»	»	»	»	»	»	»	»	»	»	»
9	»	»	»	»	»	»	»	»	»	»	»	»	»
10	»	»	»	»	»	»	»	»	»	»	»	»	»
11	»	»	»	»	»	»	»	»	»	»	»	»	»
12	»	»	»	»	»	»	»	»	»	»	»	»	»
13	0.22	13.72	2.10	15.41	17.51	2,719,303	1.625	14.60	1,814. »	4,830,008	415,834	5,245,842	836.92
14	0.01	13.73	2.13	15.42	17.55	2,725,515	1.625	14.60	1,814. »	4,830,008	415,834	5,245,842	837.53
15	0.05	13 78	2.09	15.47	17.56	2,727,068	1.650	14.60	1,814. »	4,830,008	415,834	5,245,842	840.58
16	0.14	13 92	2.08	15.61	17.69	2,747,257	1.650	14 60	1,814. »	4,959,208	415,834	5,375,042	849.12
17	0.36	14.28	2.09	15.97	18.06	2,804,718	1.650	14.60	1,814. »	4,959,208	415,834	5,375,042	871.08
18	0.49	14.77	2.16	16.46	18 62	2,890,686	1.725	14.60	1,814. »	4,959,208	415,834	5,375,042	900.79
19	0.35	15.12	2.80	16.81	19.61	3,046 433	1.850	14.60	1,814. »	5,017,024	415,834	5,432,858	932.32
20	0 31	15.43	2.90	17.12	20.02	3,109,106	1.900	14.60	1,814. »	5,029,036	415.834	5,444,870	941.23
21	0.42	15.85	2.70	17.54	20.24	3,143,272	1.900	14.60	1,814. »	5,059,608	415,834	5,475,442	903.19
22	0.36	16.21	2.45	17.90	20.35	3,158,365	1.900	14.60	1,814 »	5,092,593	426.314	5,518,907	985.15
23	0.39	16.60	2.40	18.29	20.69	3,213,157	1.900	14.60	1,814. »	5,299,198	426,314	5,725,512	1,008.94
24	0.30	16.90	2.25	18.59	20 84	3,236,452	1.975	14.60	1,814. »	5,305.851	426,314	5,822,165	1,027.24
25	0.45	17.35	2.11	19.04	21.15	3,284,595	2.000	14.60	1,814. »	5,454,422	426,314	5,880,736	1,058.35
26	0.48	17.83	2.07	19.52	21.59	3,350,727	2.000	14.60	1,814. »	5,499,422	426,314	5,925,736	1,087.63
27	0.40	18.23	2.15	19.92	22.07	3,427,471	2.075	14.60	1,814. »	5,650,976	426,314	6,077,290	1,112.03
28	0.14	18.37	2.12	20.06	22.18	3,444,554	2.100	14.60	1,814. »	5,648,745	426,314	6,075,059	1,120 57

X. — Pile-culée de la rive badoise.

Tableau résumé des indications du journal de fonçage.

DATES DES CONSTATATIONS à diverses heures de la journée.	ENFONCEMENT des caissons dans le gravier		HAUTEUR			SOUS-PRESSION		MAÇONNERIE		CHARGE résistant à la sous-pression			Surface de frottements.
	par jour.	Total.	des eaux du Rhin au-dessus de l'étiage.	d'immersion des caissons au-dessous de l'étiage.	d'immersion totale des caissons.	de l'eau.	au manomètre.	Hauteur totale.	Cube total.	en maçonnerie.	en fer et autres objets.	totale.	
1	2	3	4	5	6	7	8	9	10	11	12	13	14
	m.	m.	m.	m.	m.	k.	atm.	m.	m.	k.	k.	k.	m.
Août 9 5 h. mat.	1.03	0.64	1.61	4.96	6.57	1,020.321	1.550	4.62	695. »	1,668,000	213,870	1,881,870	39. »
10 10 h. soir.	0.68	2.32	1.57	5.64	7.21	1,119,713	1.675	4.94	743. »	1,783,200	213,870	1,997,070	141. »
11 4 h. s.	0.83	3 05	1 55	6.47	8.22	1,245,506	1.750	5.20	782. »	1,953,300	213,870	2,167,170	186. »
12	»	»	»	»	»	»	»	»	»	»	»	»	»
13 7 h. s.	0.37	3.30	1.54	6.88	8.42	1,307,626	1.800	6.02	906. »	2,318,900	213,870	2,532,770	201. »
14	»	»	»	»	»	»	»	»	»	»	»	»	»
15	»	»	»	»	»	»	»	»	»	»	»	»	»
16 8 h. 1/2. s.	0.47	3.88	1.56	7.47	9.03	1,402,359	1.850	6.45	970. »	2,515,000	213,870	2,728,870	236. »
17 5 h. s.	0.62	4.49	1.50	8.09	9.59	1,489,327	1.925	7.10	1,068. »	2,801,200	213,870	3,015,070	273. »
18 8 h. 1/4. s.	0.52	4.98	1.54	8.61	10.15	1,576,295	1.975	7.64	1,150. »	2,998,000	242,510	3,240,510	303. »
19 4 h. s.	0.57	5.23	1.55	9.18	10.73	1,666,369	2.025	8.24	1,240. »	3,216,000	242,510	3,458,510	319. »
20 10 h. m.	0.49	5.68	1.49	9.67	11.16	1,733,148	2.050	8.24	1,240. »	3,231,000	220,830	3,451,830	346. »
21 1 h. 1/2 s.	0.35	5.78	1.69	10.02	11.71	1,818,563	2.100	8.92	1,342. »	3,520,000	223,800	3,743,800	351. »
22 6 h. 1/2 s.	0 32	6.58	1.60	10.34	11.94	1,854,282	2.125	9.58	1,441. »	3,757,600	223,800	3,981,400	401. »
23 6 h. soir.	0.44	6.94	1.58	10.78	12.36	1,919,508	2.150	10.40	1,565. »	4,055,200	223,800	4,279.000	423. »
24 7 h. soir.	0.40	7.48	1.57	11.18	12.75	1,980,075	2.175	11.00	1,655. »	4,271,200	528,440	4,499,640	456. »
25 5 h. 3/4 s.	0.49	7.86	1.50	11.67	13.17	2,045,301	2.225	11.80	1,775. »	4,559,200	228,440	4,787,640	479. »
26	»	»	»	»	»	»	»	»	»	»	»	»	»
27 6 h. s.	0.50	8 19	1.44	12.17	13.61	2,113,633	2.275	12.80	1,926. »	4,921,600	228,440	5,150,040	499. »
28 8 h. 1/4 s.	0.44	8.45	1.38	12.61	13.99	2,172,647	2.300	12.80	1,926. »	4,921,600	233,080	5,154,680	515. »
29 6 h. s.	0.73	9.11	1.31	13 34	14.65	2,275,145	2.375	13.10	1,971. »	5,029,600	233,080	5,262,680	555. »
30 8 h. s.	0.69	9 70	1.36	14.03	15.39	2,390,067	2.425	13.75	2,069. »	5,264,800	233,080	5,497,880	591. »
31 6 h. s.	0.45	9.74	1.40	14.48	15.88	2,467.164	2.475	14.40	2,167. »	5,500,000	233,080	5,733,080	574. »
Sept. 1er 6 h s.	0.39	10 13	1.49	14.87	16.36	2,540,708	2 525	14.58	2,193. »	5,564,400	237,720	5,802,160	618. »
2 6 h. s.	0.31	10.33	1.58	15.18	16.76	2,601,828	2 565	»	»	5,778,460	237,720	6,016,180	630. »
3 6 h. s.	0.22	10.75	1.50	15.40	16.90	2,624,570	2.575	»	»	5,929,534	237,720	6,167,254	656. »
4	»	»	»	»	»	»	»	»	»	»	»	»	»
5 9 h. s	0.42	11.09	1.50	15 82	17.32	2,658,736	2.625	»	»	6,030,249	237,720	6,267,969	676. »
6 9 h. s.	0.23	11.32	1.57	16.05	17.62	2,736,386	2.650	»	»	6,030,249	237,720	6,267,969	678. »
7 5 h.m. le 8	0.34	11.66	1.90	16.39	18.29	2,840,437	2.700	»	»	6.030,249	237,720	6,267,969	709. »
8 5 h.m. le 9	0.44	11.87	1.74	16.83	18 57	2,883,921	2,750	»	»	6,130,964	237,720	6,368,684	724. »
9 5h.m. le 10	0.36	12.31	1.61	17.19	18.80	2,929,640	2,775	»	»	6,130,964	237,720	6,368,684	750. »
10 5h.m. le 11	0.67	»	1.58	17.86	19.44	3.019,032	2.825	»	»	6,130,964	237,720	3,368,684	792. »
11 9 h. m.	0.16	»	1.55	18 02	19.57	3,039,221	2.825	»	»	6,164,964	264,841	6.429,805	798. »
12 5h.m. le 13	0.93	»	1.52	18.95	20.47	3,178,991	2.925	»	»	6,217,452	324,515	6,541,967	837. »
13 1h.m. le 14	1.05	»	1.45	20.00	21.45	3,331,185	3.025	»	»	6,217,452	475,214	6,692,066	898. »

XI. — Pile intermédiaire (rive française).

Tableau résumé des indications du journal de fonçage.

DATES DES CONSTATATIONS à diverses heures de la journée.	ENFONCEMENT des caissons dans le gravier		HAUTEUR			SOUS-PRESSION		MAÇONNERIE		CHARGE résistant à la sous-pression			Surface de frottements
	par jour.	Total.	des eaux du Rhin au-dessus de l'étiage.	d'immersion des caissons au-dessous de l'étiage.	d'immersion totale des caissons.	de l'eau.	au manomètre.	Hauteur totale.	Cube total.	en maçonnerie.	en fer et autres objets.	totale.	
1	2	3	4	5	6	7	8	9	10	11	12	13	14
	m.	m.	m.	m.	m.	k.	atm.	m	m.	k.	k.	k.	m.
Oct. 17 6 h. soir.	0.64	1.42	0.81	2.65	3.46	393,402	0.300	3.65	385. »	924,000	143,440	1,067,440	69.64
18 10 h m.	0.64	2.06	0.86	3.29	4.15	471,855	0.350	3.65	385. »	924,000	143,440	1,067,440	101.02
18 10 h. s à 5 h. m.	0.42	2.48	0.80	3.71	4.51	512,787	0.400	4 24	443. »	1,063,200	143,440	1,206,640	121.62
19 10 h. s.	0.79	3.27	0.78	4.50	5.28	600,336	0.500	4.05	506. »	1,214,400	145,180	1,359,580	150.36
20 4 h. s.	0.64	3.91	0.73	5.14	5.87	667,419	0.525	5.40	561. »	1,346,400	145,180	1,481,580	191.75
21 11 h. m.	0.50	4.41	0.70	5.64	6.34	720,858	0.550	5.90	613. »	1,471,200	146,920	1,618,120	216.24
22 5 h. m. à 11 h. m.	0.55	4.96	0.95	6.19	7.14	817,818	0.675	6.33	655. »	1,572,000	146,920	1,718,920	243.24
22 4 h. s. à 10 h s.	0.53	5.49	1.00	6.72	7.72	877,764	0.725	6.58	682. »	1,636,800	146,920	1,783,720	269.23
23 4 h. s.	0.51	6.00	1.05	7.23	8.28	741,436	0.800	6.85	708. »	1,699,200	153,880	1,853,080	294.24
24 11 h. m.	0.42	6.42	1.27	7.65	8.92	1,015,804	0 850	6.85	708. »	1,699,200	153,880	1,853,080	314.84
25 5 h. m.	0.50	6.92	1.23	8.15	9.38	1,066,506	0 850	7.50	773. »	1,855,200	153,880	2,009,080	339.35
25 5 h. s. à 10 h. s.	0.59	7.51	1.21	8.74	9.95	1,131,315	0.950	8.10	833. »	1,999,200	153,880	2,153,080	342.84
26 5 h. s.	0.81	8.32	1.20	9.55	10.75	1,222,275	0 950	8.65	888. »	2,131,200	153,880	2,285,080	406.01
27 5 h. m. à 11 h. m.	0.51	8.83	1.15	10.06	11.21	1,274,577	0.950	9 20	941. »	2,258,400	153,880	2,412,280	433.02
27 5 h. m.	0.68	9.51	1.09	10.74	11.83	1,345,071	1 050	9.80	1,000. »	2,400,000	153,880	2,553,880	466.35
28 10 h. s.	0.51	10.02	1.10	11.25	12.35	1,404,195	1.200	10 52	1,169. »	2,915,600	159,100	3,074,700	511.00
29 7 h. s.	0 75	11.17	1.28	12.00	13 28	1,509,936	1.300	11.35	1,218. »	2,960,400	159,100	3,119,500	547.77
30 5 h. s.	0.90	11.07	1.19	12.80	13.99	1,590,663	1.300	12.33	1,243. »	3,190,320	159,100	3,349,422	685.00
31 6 h. s.	0.58	1.05	1.18	13.48	14.66	1,666,842	1.400	12.87	1,289. »	3,303,600	159,100	3,462,700	541.89
Nov. 1er	»	»	»	»	»	»	»	»	»	»	»	»	»
2	»	»	»	»	»	»	»	»	»	»	»	»	»
3	»	»	»	»	»	»	»	»	»	»	»	»	»
4	»	»	»	»	»	»	»	»	»	»	»	»	»
5	»	»	»	»	»	»	»	»	»	»	»	»	»
6	»	»	»	»	»	»	»	»	»	»	»	»	»
7 10 h. s.	0.31	1.06	2.20	13.79	15.99	1,819,200	1.300	14 55	1,449. »	3,687,600	146,920	3,834,520	557.09
8 10 h. s.	0.97	1.00	2.46	14.76	17.22	1,957,914	1.700	15.05	1,498. »	3,805,200	146,920	3,952,120	689.50
9 10 h. s	0.84	1.00	2 55	15.60	18.15	2,063,655	2.000	15.90	1,589. »	4,023,600	146,920	4,170,520	670.38
10 10 h. s.	0.55	»	2.62	16.15	18.77	2,134,149	1.480	16.60	1,664. »	4,203,600	150,400	4,354,000	697.34
11 10 h. s.	0.65	»	2.69	16.81	19.50	2,217,150	1.700	16.60	1,664. »	4,203,600	150,400	4,354,000	729.70
12 2 h. s.	0.25	»	2.58	17.06	19.64	2,233,068	1.800	16 60	1,664. »	4,203,600	150,400	4,354,000	742.00
13 10 h. s.	0.58	»	2.49	17.64	20.13	2,288,781	1.800	16.60	1,664. »	4,316,400	174,400	4,490,800	770.42
14 10 h. s.	0.83	»	2.34	18.47	20.81	2,366,097	1.900	16.60	1,664. »	4,316,400	174,400	4,490,800	811.19
15 10 h. s.	1.03	»	2.05	19.50	21.95	2,495,715	2.000	16.60	1,664. »	4,316,400	332,400	4,648,800	861.63
16 3 h. s.	0.55	»	2.05	20.05	22.10	2,512,770	2.200	16.60	1,664. »	4,316,400	374,000	4,690,400	862.80

XII. — Pile intermédiaire (rive badoise).

Tableau résumé des indications du journal de fonçage.

DATES DES CONSTATATIONS à diverses heures de la journée.	ENFONCEMENT des caissons dans le gravier		HAUTEUR			SOUS-PRESSION		MAÇONNERIE		CHARGE résistant à la sous-pression			Surface de frottements.
	par jour.	Total.	des eaux du Rhin au-dessus de l'étiage.	d'immersion des caissons au-dessous de l'étiage.	d'immersion totale des caissons.	de l'eau.	au manomètre.	Hauteur totale.	Cube total.	en maçonnerie	en fer et autres objets.	totale.	
1	2	3	4	5	6	7	8	9	10	11	12	13	14
	m.	m.	m.	m.	m.	k.	atm	m.	m.	k.	k.	k.	m.
Nov. 26 6 h. soir.	0.40	1.73	1.14	4.20	5 34	607,138	0.400	4.25	445. »	1,068,000	148,180	1,216,180	84.84
27 6 h. s.	0.82	2.55	1.05	5.02	6.07	690,159	0.550	4.25	445. »	1,068,000	148,180	1,216,180	125.05
28 11 h. s.	0.45	3 00	1.10	5.47	6.57	747,009	0.650	5.47	570. »	1,368 000	148.180	1,516,180	147.12
29	»	»	»	»	»	»	»	»	»	»	»	»	»
30	»	»	»	»	»	»	»	»	»	»	»	»	»
Déc. 1er 6 h. s.	0.30	4.15	3.02	5.77	8.79	999,523	0.900	6.07	630. »	1,512,000	148,180	1,760,180	203.56
2 6 h. s.	0.65	4.80	2.78	6.42	9.20	1,046,040	0.900	6.27	249. »	1,576,600	148,180	1,705,780	235.43
3 5 h. s.	0.23	5.03	2.56	6 65	9.21	1,047,177	0.900	6.77	700. »	1,680,000	148,180	1,828,180	246.67
4 5 h. s.	0.38	5.41	2.17	7.03	9.20	1,046,040	0.900	7.00	723. »	1,735,200	148,180	1,883,380	265.30
5 6 h. s.	0.53	5 94	1.95	7.56	9.51	1,102,870	0.900	7.76	802 »	1,924,800	148,180	1,072,980	291.30
6 6 h. s.	0 55	6.49	1.78	8.11	9.89	1,144,930	0.950	8.40	861. »	2,066,400	148,180	2,214,580	318.26
7 6 h. s.	0.60	7.09	1.70	8.71	10.41	1,183,617	1.000	8.80	900. »	2,444,000	155,140	2,599,140	347.70
8 9 h. s.	1.04	8.13	1.55	9.75	11.30	1,284,810	1.100	9.00	926. »	2,506,400	155,140	2,661,540	398.00
9 10 h. s.	0.99	9.12	1.53	10.74	12.27	1,395,099	1.200	9.45	949. »	2,561,600	155,140	2,716,740	447.00
10 10 h. s.	0.95	10.07	1.45	11.69	13.14	1,494,018	1.300	10.50	1,067. »	2,844,800	155,140	2 999,940	493.00
11 5 h. s.	0 10	10.17	1.43	11.79	13.22	1,503,114	1.300	12.40	1,250. »	3,284,000	155,140	3,439,140	498.00
12 11 h. s.	1.40	11.57	1.43	13.18	14.82	1,689,582	1.400	13.10	1,326. »	3,466,400	162,100	3,628,500	567.00
13 10 h. s.	1.43	13.00	1.30	14 61	15.91	1,808,907	1.500	14.34	1,429 »	3,713,600	162,100	3,875,700	637.52
14 4 h. s.	1.18	14.18	1.29	15.79	17.08	1,941,996	1.700	14.80	1,470. »	3,808,000	162,100	3,970,100	696.00
15	»	»	»	»	»	»	»	»	»	»	»	»	»
16 10 h. s.	1.35	15.53	1.15	17.14	18.29	2,079,573	1.800	16 60	1,664. »	4,277,600	164,000	4,441,600	761.00
17 6 h. s.	0.43	15.96	1.15	15.57	18.72	2,128,464	1.800	16.60	1,664. »	4,277,600	180,000	4,457,600	782.68
18	»	»	»	»	»	»	»	»	»	»	»	»	»
19 6 h. s.	0.33	16.29	1.09	17.90	18.99	2,159,163	1.900	16.60	1,664. »	4,277,600	180,000	4,457,600	798.86
20 6 h. s.	0.83	17.12	0.99	18.73	19.72	2,242,164	1.900	16.60	1,664. »	4,277,600	180,000	4,457,600	839.56
21	»	»	»	»	»	»	»	»	»	»	»	»	»
22	»	»	»	»	»	»	»	»	»	»	»	»	»
23 6 h. s.	0.79	17.91	1.13	19.52	20.65	2,347,905	1.975	16 60	1,664. »	4,277,600	180,000	4,457,600	927.35
24 6 h. s.	0.48	18 39	1.00	20.00	21 00	2,387,700	2.000	16 60	1,664. »	4,277,600	290,340	4,567,940	950.88

XIII

CAHIER DES CHARGES *relatif à l'exécution, au transport et au levage de la superstructure en fer du pont de Kehl.*

Conformément aux clauses du traité international entre la France et le grand-duché de Bade, relativement à la construction du chemin de fer entre Strasbourg et Kehl, la direction supérieure des ponts et chaussées du Grand-Duché et la Compagnie des chemins de fer de l'Est se sont entendues sur le mode de construction et d'exécution dudit travail. Il a été arrêté, dans une convention relative au pont du Rhin :

Que la Compagnie française des chemins de fer de l'Est se chargerait de la construction des piles et culées;

Que l'administration des travaux du Grand-Duché se chargerait de toute la superstructure en fer des deux ponts tournants et de la partie fixe du pont.

Il s'agit maintenant de donner ce dernier travail à l'entreprise, mais en deux lots, savoir : la partie fixe du pont et les deux ponts tournants, suivant les conditions ci-après :

§ 1.

L'ensemble de la superstructure en fer se composera d'un pont fixe et de deux ponts tournants susceptibles de recevoir deux voies ayant l'écartement normal.

I. — Partie fixe. — Pont en treillis.

La partie fixe du pont reposera sur deux piles extrêmes et deux piles intermédiaires, et formera un ensemble continu, présentant trois travées de 56 mètres d'ouverture chacune, et dont les extrémités recevront des portiques en fonte.

La matière employée dans la construction du pont fixe sera le fer forgé. Trois parties principales, de 6 mètres de hauteur chacune (parmi lesquelles celle du milieu est deux fois plus résistante que les deux extérieures), porteront à leurs parties supérieure et inférieure les plates-bandes qui supporteront réellement la charge et qui seront reliées entre elles par l'intermédiaire d'un treillis et de nervures verticales. On établit par ce moyen, entre les deux plates-bandes, un assemblage rigide et invariable, soit dans le sens de la compression, soit dans celui de la traction. Chaque plate-bande se composera de lames de tôle disposées en partie horizontalement, et partie verticalement, et reliées par deux fers à cornière. Les assemblages longitudinaux (ou joints) de ces lames de tôle sont à établir à joints croisés, en ayant soin qu'ils aient lieu au droit des poutres transversales, pour éviter l'emploi de couvre-joints.

Les barres de treillis s'engageront dans l'espace libre entre les tôles sur champ ou cornières des deux plates-bandes; tout le restant de cet espace sera occupé par des fourrures en tôle (formant matière inerte), afin de pouvoir river tout l'ensemble.

Les nervures verticales seront composées de quatre fers à cornière, s'appliquant par couple de chaque côté du treillis, et rivés entre eux par l'intermédiaire de plaques-fourrures.

La distance entre les nervures verticales augmentera en allant des piles vers le milieu de la travée, et elles ne devront avoir qu'une action correspondante à la résistance théorique au point considéré. Quant aux autres parties du pont, telles que les plate-bandes et les treillis, leur section sera uniforme sur toute la longueur de la poutre, attendu que l'emploi de fers de section variable présenterait des difficultés d'exécution, et qu'en outre l'emploi de quelque matière inerte (dont les fourrures font partie) peut être avantageux sous le rapport des vibrations auxquelles le pont sera soumis lors du passage des trains.

Le poids propre de la partie fixe du pont, y compris le garde-corps, sera en chiffres ronds de 940,000 kilogrammes ou 18,800 quintaux, sur une longueur de 177 mètres, soit, sur chaque millimètre courant de longueur, 5 kilogrammes. En y comprenant le poids des rails et du platelage en bois, on pourra fixer ce chiffre à $5^k,2$.

On peut admettre avec assez d'exactitude que la moitié de ce poids se répartira sur la poutre du milieu et un quart sur chaque poutre extérieure, cette dernière n'ayant que la moitié comme poids propre et ne supportant en outre que la moitié du poids des poutres transversales et de l'entretoisement supérieur.

La réunion supérieure des poutres principales aura lieu aux endroits des nervures verticales, et se fera par le moyen de deux fers à cornière rivés ensemble. Ces cornières seront renforcées par des contre-fiches inférieures, afin de les empêcher de fléchir. Les panneaux rectangulaires, ainsi formés, contiendront des croix de Saint-André en fer méplat. Les barres en diagonale qui forment ces croix seront situées dans des plans horizontaux différents, afin qu'elles ne se rencontrent pas à leur point de croisement, et puissent être boulonnées ensemble.

Au droit des piles, l'assemblage transversal se trouvera encore renforcé par une feuille de tôle. Les poutres principales reposeront, à chacune de leurs extrémités, sur six galets, et sur chaque pile intermédiaire au moyen de douze galets en fonte, reliés entre eux par deux rails et formant un chariot. La rivure des poutres principales de la partie fixe se fera avec des rivets de 30 millimètres, et celle des poutres transversales et du contreventement supérieur, avec des rivets de 20 millimètres.

Les dimensions principales des treillis et des parties qui les réunissent seront :

1. *Longueur d'un treillis* = 177 mètres, hauteur = 6 mètres, écartement horizontal = $4^m,5$ (d'axe en axe des treillis).

2. *La section transversale d'une plate-bande* supérieure ou inférieure sera de :

(a) Pour une poutre du milieu : largeur = $0^m,50$, hauteur = $0^m,10$.

(b) Pour une poutre extérieure : largeur = $0^m,33$, hauteur = $0^m,075$.

et se composera d'assises en feuilles de 25 millimètres d'épaisseur, qui se joindront à l'endroit des poutres transversales.

3. *Les cornières des plates-bandes* ont 120 millimètres de côté, et chaque pièce aura au moins 7 mètres de longueur.

4. *Les cornières des nervures verticales* auront les mêmes dimensions que ci-dessus.

5. *Les dimensions des barres des treillis* sont :

(a) Pour la poutre du milieu : largeur = 160 millimètres, épaisseur = 30 millimètres.

(b) Pour la poutre extérieure : largeur = 160 millimètres, épaisseur = 15 millimètres.

6. *La distance normale entre les barres de treillis* et d'axe en axe sera de $0^m,83$.

7. *Les poutres transversales* ont, au milieu du pont, un écartement de $1^m,2$ qui diminue vers les points d'appui. Leur hauteur = 360 millimètres. Ces poutres seront en tôle de 6 millimètres d'épaisseur, et auront des plates-bandes de $0^m,18$ de largeur sur 12 millimètres d'épaisseur, munies de cornières ayant 80 millimètres de côté.

8. *L'assemblage des poutres transversales*, avec les poutres principales, se fera par le moyen de goussets triangulaires de 6 millimètres d'épaisseur.

9. *L'assemblage transversal supérieur* se composera de cornières ayant 80 millimètres de côté, qui seront renforcées au droit des piles par des tôles de $0^m,36$ de largeur et 6 millimètres d'épaisseur.

10, *Le contreventement en croix de Saint-André* sera en fer laminé, de 50 millimètres de largeur sur 30 millimètres d'épaisseur.

11. *Les sabots aux points d'appui du treillis* auront 80 millimètres d'épaisseur.

Les poutres s'appuieront à leurs extrémités et au droit d'une pile intermédiaire sur des galets de $0^m,20$ de diamètre. Ces galets seront tournés avec soin, et porteront des gorges qui serviront à loger les rivets des plates-bandes.

Sur l'autre pile intermédiaire, le treillis ne reposera plus sur des galets, mais il sera fixé sur des plaques d'appui, qui, elles-mêmes, seront reliées à la maçonnerie. La dilatation aura donc lieu, à partir de ce point, dans des sens opposés.

Les poids des différentes pièces s'évaluent comme suit :

1. Fer forgé et laminé.

	Volume des pièces en décimètres cubes.
Plates-bandes des poutres extérieures.	25596,6
Id. des poutres du milieu.	23233,7
Barres du treillis des poutres extérieures.	11912,4
Id. id. du milieu.	11810,9
Nervures verticales.	10939,7
Plates-bandes verticales aux extrémités des poutres extérieures. . . .	444,4
Id. id. id. des poutres du milieu. . . .	326,1
Tôles coudées pour fixer les poutres transversales.	428,8
Plaques de fourrure.	7158,6
Cornières pour fixer les poutres transversales et les consoles des trottoirs.	403,2
Fourrures entre les cornières des plates-bandes.	79,0
Têtes de rivets aux trois poutres principales.	2602,1
Poutres transversales fixées aux nervures verticales.	5391,0
Poutres transversales ordinaires.	10446,5
Consoles des trottoirs.	2577,2
Plaques au-dessous des poutres pour relier les poutres transversales avec les consoles des trottoirs.	511,0
Têtes de rivets aux poutres transversales.	822,6
Entretoises transversales supérieures.	2543,2
Plaques au-dessus des poutres.	168,6
Entretoisement en croix de Saint-André, en dessus.	1790,0
Rondelles au centre des croix, entre les deux barres.	80,0
Rivets pour l'entretoisement supérieur.	64,3
Boulons pour fixer le platelage..	181,1
	119510,0 décim. cubes
qui, multipliés par le poids spécifique du fer, 7k,78, produisent.	929787 kilogrammes
ou.	18596 quint. allem.

2. Garde-corps en fonte.

Le volume sera environ.	3776,6 décim. cubes
qui, multipliés par 7k,21, poids spécifique de la fonte, produisent.	27228 kilogrammes.
ou.	544 quint. allem.

3. Galets d'appui des treillis, reliés par un assemblage en fer forgé.

Le volume est de.	7140,4 décim. cubes
à 7k21, donnent.	51488 kilogrammes.
ou.	1030 quint. envir.

4. Portails et portiques des piles.

Les deux portails ont environ un poids de.	2000	quintaux.
Les quatre portiques des piles.	800	
	2800	quintaux.
ou.	140000	kilogrammes.

II. — Partie mobile du pont (ponts tournants).

Chacun des deux ponts tournants formera dans son ensemble une plate-forme ayant 64 mètres de longueur et 12 mètres de largeur, y compris les trottoirs fixés aux poutres extérieures. Cette plate-forme reposera à ses extrémités, d'une part, sur la culée, et, de l'autre, sur la pile en maçonnerie, et, en son milieu, sur une série de 24 galets réunis en couronne. Lorsque la rotation s'opérera autour du pivot placé au centre de la couronne, l'extrémité du pont sur la culée marchera en s'appuyant sur trois galets. Le pivot ne supporte que la charge de la couronne des galets et ne sert que de guide pendant la rotation.

La superstructure se composera de 3 poutres principales, dont chacune portera une plate-bande inférieure horizontale, et une plate-bande supérieure, affectant la forme d'un arc de cercle. Ces plates-bandes seront formées de trois épaisseurs de tôle et de deux fers à cornières. Les deux plates-bandes inférieure et supérieure seront réunies par une âme ou paroi en tôle de 9 millimètres d'épaisseur, à la poutre du milieu, et de 6 millimètres aux poutres extérieures. Ces parois seront renforcées par des nervures verticales formées alternativement de deux fers méplats ou de quatre fers à cornière.

Les plates-bandes, ainsi que les parois en tôle, ont reçu des dimensions maxima. Les joints des tôles, de $1^m,20$ de largeur, auront lieu à l'endroit des nervures verticales. La réunion inférieure des trois poutres principales s'effectuera par le moyen des poutres transversales, qui sont fixées, soit directement, soit par l'intermédiaire des fers à cornière. La réunion supérieure de ces poutres devenant impossible, à cause de leur hauteur insuffisante, il devra y être suppléé par l'emploi de nervures verticales ayant la forme d'un trapèze et distantes de $2^m,4$. Ces nervures donneront à l'angle formé par la paroi en tôle et les poutres transversales une grande rigidité, et maintiendront la paroi dans sa position verticale. Le point central de chaque pont tournant ne devra porter aucune charge et servir simplement de guide pendant la rotation. Le poids de la superstructure, de 64 mètres de largeur, qui est 256,000 kilogrammes, devra reposer, pendant la rotation, uniquement sur la couronne des vingt-quatre galets et sur les trois galets à l'extrémité du pont. Afin de charger uniformément les vingt-quatre galets, il sera rivé, en dessous des poutres *principales* et des traverses, une poutre circulaire de la forme ┌┐ assez rigide pour reporter la pression d'un point quelconque sur tout le pourtour. Ce cercle répartiteur du poids est relié à la boîte du pivot par six tôles formant rayons, et renfermera en son intérieur le cercle de roulement supérieur, dont la section est la même que celle du cercle fixe, sur lequel se meuvent les galets. Ces deux cercles seront en fer dur, ayant un grain fin, ou en acier puddlé. Entre les cercles de roulement se trouveront les galets.

Chaque galet, de $0^m,70$ de diamètre, construit d'une manière solide et durable, doit être en fer forgé, et muni de bandages en acier puddlé tournés avec soin. Les galets seront réunis entre eux par deux cercles en fer à cornière, qui porteront des coussinets en bronze. La boîte du pivot sera réunie à la couronne des galets par des tringles formant rayons. Par ce moyen les galets conserveront entre eux une distance invariable, de sorte que lorsque l'un d'eux étant arrêté dans son mouvement, tous les autres seront également intéressés.

Le frottement pendant la rotation du pont sera donc (faisant abstraction des obstacles accidentels) un simple frottement de roulement.

Le mécanisme pour la rotation consistera en une crémaillère circulaire boulonnée sur la culée, ayant un rayon de $31^m,3$, et en deux systèmes d'engrenages placés en dessous du pont et engrenant avec la crémaillère.

Chacun de ces systèmes d'engrenage se composera de deux arbres horizontaux et d'un arbre vertical. Le mouvement pourra être donné, soit en employant deux leviers emmanchés au-dessus du pont et sur chacun desquels agiront quatre hommes, soit par le moyen des manivelles sous le pont, sur lesquelles agiront également huit hommes.

Chaque pont tournant recevra quatre cales d'arrêt, qui se logeront dans des boîtes correspondantes fixées aux piles et culées, afin d'empêcher tout mouvement latéral. Le dégagement de ces cales, lorsqu'on voudra tourner le pont, se fait en les repoussant avec le marteau, ou bien directement, en agissant sur une branche d'un levier coudé qui tient à la cale d'arrêt par une tringle en fer.

Dans l'exécution, le pont sera exhaussé vers l'extrémité de la volée, afin que celle-ci présente une arête inférieure horizontale, quand le pont est à l'état volant. Il est cependant présumable que, par suite de la fréquentation du pont pendant un certain temps, il se produira un abaissement vers les extrémités, tandis que les sommiers d'appui aux deux extrémités, savoir, sur la culée et la pile du milieu, seront invariables de niveau. Pour égaliser cette différence, on a choisi un système du calage susceptible d'être réglé.

Chaque extrémité de poutre reposera sur un sommier fixé sur la maçonnerie par l'intermédiaire de coins à glissement. La surface comprise entre le sommier et les coins sera un plan incliné de 1/7 de pente, de sorte que, par le mouvement du coin, on réglera le niveau de la poutre. Le mouvement de ces coins à glissement, à chaque extrémité de la poutre, aura lieu par l'emploi d'une vis dont les bouts seront filetés en sens opposés. Cette vis sera mise en mouvement en agissant sur la manivelle d'un arbre vertical placé à l'extrémité de la poutre, et son mouvement rapprochera ou écartera les coins. Cet appareil servira dès qu'il y aura un petit abaissement vers les extrémités des poutres, afin qu'elles n'appuient pas trop fortement, et que le départ lors de la rotation soit bien facile ; on évitera ainsi tout frottement de glissement sur les sommiers. Le même appareil permet, en outre, de redresser les poutres, puisqu'il est capable de soulever la poutre au moyen du plan incliné. Il faut remarquer toutefois que dans ce cas il faut, avant la rotation, redescendre de la même quantité, afin que la plaque d'appui ne forme pas étai.

Les dimensions principales du pont tournant et de ces différentes parties seront les suivantes :

(1) *Poutres.*

(*a*) Poutre du milieu (hauteur à l'extrémité) = 1m,20.
Poutre du milieu (hauteur au milieu) = 3m,50.
Epaisseur de la tôle, 9 millimètres.

(*b*) Poutre extérieure (hauteur à l'extrémité) = 1m,20.
Poutre extérieure (hauteur au milieu) = 3m,50.
Epaisseur de la tôle, 6 millimètres.

Les feuilles isolées auront une largeur de 1m,20. Les joints seront garnis alternativement de couvre-joints de 0m,16 de largeur ou de nervures verticales composées de fer à cornière, ayant 80 millimètres de côté.

(2) *Les plates-bandes des poutres* auront 0m,33 en largeur et 75 millimètres d'épaisseur, et seront composées de trois épaisseurs de tôle de 25 millimètres chaque.

(3) *Les cornières des plates-bandes* auront 0m,12 à 0m,15 de côté.

(4) *Les poutres transversales* ont un écartement de 1m,20 et une hauteur de 0m,36. Elles seront composées d'une âme de tôle de 6 millimètres d'épaisseur, de plates-bandes de 0m,18 de largeur sur 12 millimètres d'épaisseur, et des cornières de 80 millimètres de côté.

(5) *Le mécanisme pour la rotation et l'appui* est donné par les dessins.

Les poids s'évaluent comme suit :

1. Fer forgé et laminé aux poutres principales transversales et circulaires.

Un pont tournant contient :	Volume en décimètres cubes.
Plates-bandes des poutres principales.	11546,5 décim. cubes.
Ames desdites.	4094,3
Nervures verticales.	2665,3
Couvre-joints aux âmes en tôle.	243,4
A reporter.	18549,5

	Volumes en décimètres cubes.
Report	18549,5
Cornières aux couvre-joints pour fixer les poutres, transversales	305,2
Plates-bandes verticales des poutres	35,0
Têtes de rivets aux poutres principales	488,6
Poutres transversales fixées aux nervures verticales	2989,6
Id. id. ordinaires	2929,7
Consoles des trottoirs	849,7
Plaques sous les poutres pour l'assemblage avec les poutres transversales	161,5
Poutres transversales aux extrémités du pont	240,0
Entretoisement en croix formé par des tirants (sous les traverses)	494,0
Têtes de rivets aux poutres transversales et consoles	296,5
Poutre circulaire au-dessus du chemin des galets	1912,7
Supports des poutres circulaires formant rayons et plaques de réunion (rayons en tôle allant du pivot à la poutre circulaire)	520,0
Consoles pour relier la poutre circulaire aux poutres transversales	174,7
Rivets des dernières parties ci-dessus	26,3
Boulons pour fixer le platelage et les rails	66,8
	30050,3 décim. cubes.
qui, multipliés par le poids spécifique du fer produisent	233713 kilogr.
ou	4674 quintaux.
Donc, pour les deux ponts tournants	9348 quintaux.

2. Garde-corps en fonte du pont tournant.

Ce garde-corps, y compris les parties en fer forgé qui servent à le fixer, a, pour un pont tournant, un volume de	1365,5 décim. cubes.	
qui, multipliés par $7^k,1$, donnent		9845 kilogr.
ou		197 quintaux.
Donc, pour les deux ponts tournants		394 quintaux.

3. Fonte pour candélabres.

Le volume des trois candélabres, pour un pont, est de	132,00 décim. cubes.	
$7^k,1$ le décimètre cube, donnent		951 kilogr.
ou		19 quintaux.
Donc, pour les deux ponts tournants		38 quintaux.

4. Appareils pour l'appui des poutres et mécanisme de rotation d'un pont tournant.

FER FORGÉ, FONTE, BRONZE ET ACIER COMPTÉS ENSEMBLE.

Pour un pont :	Volumes en décimètres cubes.	
(a) *Couronnes des galets avec accessoires.*		
1 cercle des galets en fer forgé.	350,8 décim. cubes.	
48 supports en fer forgé pour galets.	88,1	
24 platines en acier pour la poussée des tourillons. . .	11,0	
192 vis pour fixer les supports.	19,5	
48 vis de rappel des platines.	8,4	
24 passes recevant les rayons des galets.	31,2	
		509,000
(b) *Pivot sur la maçonnerie.*		
1 boîte de pivot en fonte, fixe.	164,00	
1 id. id. mobile.	95,975	
1 pivot en fer forgé.	28,260	
4 boulons de scellement et platines pour le pivot. . . .	18,900	
		307,135
(c) *Assemblage par rayons du pivot avec le cercle des galets.*		
1 cercle de réunion des galets en fer forgé.	23,600	
24 rayons des galets avec boulons et écrous.	233,000	
		256,600
(d) *Cercles pour le roulement des galets.*		
1 cercle supérieur.	483,800	
1 id. chemin des galets (inférieur).	391,700	
6 plaques de joint du cercle inférieur en acier puddlé ou en fer de grain serré.	37,800	
		913,300
(e) 24 *galets de roulement.*		
Le volume total, y compris moyeux, rais et bandages en acier, est de.		1043,160
A reporter. . . .		1976,035

	Volumes en décimètres cubes.	
Report.		1976,035
(f) *Appareils de calage* (4 pièces).		
Pour un appareil :		
Boîte sur la culée (en fonte).	1,836	
Id. sur la poutre transversale.	3,132	
Coin en fer forgé.	2,160	
Tirant en id.	0,175	
Le renvie id.	1,165	
	8,368	
Donc, pour les quatre appareils.		35,492
(g) *Crémaillère circulaire pour le mouvement du pont.*		
Fonte.	1267,400	
Boulons d'assemblage et de scellement.	42,100	1309,500
(h) *Galets d'appui aux extrémités du pont.*		
Une poutre en tôle portant les 3 galets de roulement. .	907,100	
10 traverses entre les poutres transversales pour la consolidation de la poutre en tôle des galets.	183,000	
6 supports en fonte des 3 galets.	116,000	
6 coussinets en bronze et 3 galets.	13,200	
3 galets fonte.	242,000	
3 tourillons en fer forgé.	21,300	
		1482,600
(i) *Cercle en fonte, chemin de 3 galets.*		2007,590
(j) *Mécanisme pour régler l'appui des poutres.*		
6 vis avec filets en sens opposé.	33,000	
12 coins formant écrous (en acier).	37,000	
6 glissières des coins (fer forgé).	66,000	
18 équerres pour consolider les glissières.	26,100	
12 tôles contenant les glissières.	17,700	
24 cornières auxdites tôles.	44,400	
6 roues d'engrenage sur les vis (fonte).	15,600	
6 arbres verticaux avec vis sans fin.	6,300	
6 supports en fonte des arbres verticaux, avec boîtes et boulons.	4,800	251,500
(k) *Plaques d'appui en acier fondu* (3 pièces). . .		180,000
A reporter		8703,857

	Volumes en décimètres cubes.	
Report.		8703,857

(1) *Appareils pour la rotation du pont.*

Chaque pont contient deux appareils, comprenant :		
2 pignons à la crémaillère.	10,800	
2 roues supérieures.	26,800	
2 pignons id.	15,600	
4 roues coniques.	27,200	
2 appareils à déclancher (fer forgé).	3,700	
2 grandes roues.	34,000	
2 pignons.	17,600	
4 supports des arbres de transmission verticaux. . .	29,400	
4 supports du deuxième arbre vertical.	14,800	
4 coussinets en bronze pour les arbres des grandes roues	9,400	
8 coussinets en bronze des arbres à manivelle.	20,000	
2 arbres verticaux des pignons de la crémaillère. . .	18,300	
2 id. des autres pignons.	15,300	
2 arbres horizontaux des grandes roues.	12,000	
2 consoles en tôle pour les supports des arbres à manivelle.	116,000	
4 supports en fonte pour id.	80,000	
4 arbres à manivelle.	19,000	
2 leviers à déclancher.	2,500	
		473,400
		9357,257 déc. c.
Ces 9357,257 décimètres cubes, multipliés par un poids spécifique moyen de 7k,5, donnent.		70180 kilogr.
ou.		1403,60 livres.
ou.		1404 quintaux.
Donc, pour les deux ponts.		2808 quintaux.

Dans la description suivante, ainsi que dans les dessins pour la construction, on a adopté les mesures françaises.

§ 2.

L'entrepreneur peut considérer la description ci-dessus et les plans y relatifs comme donnant un aperçu du travail, tant pour la partie fixe que pour les ponts tournants.

Immédiatement après l'approbation du marché, l'entrepreneur devra faire les dessins d'exécution, tant pour le treillis que pour les ponts tournants, à une échelle suffisamment grande, en y inscrivant les cotes des dimensions, et les faire en double expédition. Avant de passer à l'exécution, il devra les faire approuver par la direction grand-ducale de Bade, ou par ses agents, chargés de ce travail. Une expédition de ces dessins restera à l'administration des travaux du Grand-Duché.

Une fois ces plans réunis, il ne saurait y être apporté aucun changement sans l'approbation par écrit de l'administration des travaux. Dans le cas contraire, l'entrepreneur non-seulement n'aurait droit à aucune indemnité, mais encore il serait obligé de faire disparaître à ses frais les changements non autorisés. Les changements dans les plans que l'administration trouverait nécessaire d'apporter dans le cours de l'exécution devront être exécutés par l'entrepreneur.

L'entrepreneur sera indemnisé, dans ce cas, de travaux et frais non prévus par le marché, en se basant sur les prix de l'unité stipulés dans ce marché. L'entrepreneur ne sera pas admis, dans ce cas, à faire valoir des réclamations au sujet de bénéfices qu'il aurait pu faire.

§ 3.

Toutes les parties de la construction seront exécutées en matière de première qualité, et l'entrepreneur devra présenter des échantillons à l'administration avant l'exécution. En ce qui concerne principalement les fers méplats et les fers à cornière, le fer à employer devra être bien laminé ou forgé, exempt de criques, de scories et d'exfoliations. Pour les parties comprimées, l'on devra choisir un fer ayant un grain serré et fin, et les parties soumises à la traction devront être en fer nerveux.

Ce fer devra se souder parfaitement et n'avoir aucun défaut qui puisse compromettre la solidité.

La fonte employée pour les ponts tournants (tous les modèles étant à faire par l'entrepreneur) devra être de la fonte grise de deuxième fusion, tenace et dense, et moulée proprement, sans soufflures ni criques, et l'on devra faire disparaître, avant d'employer les pièces, toute marque provenant du coulage.

L'administration se réserve le droit de s'assurer par des essais si les prescriptions sur la nature de la matière sont remplies. Les échantillons présentés serviront, dans ce cas, comme bases des essais à faire.

Les appareils et la main-d'œuvre nécessaire à ces essais seront à fournir par l'entrepreneur, sans qu'il ait droit pour cela à aucune indemnité.

§ 4.

Le chantier sur lequel seront exécutés les treillis sera fourni gratuitement à l'entrepreneur par l'administration. Ce chantier sera situé sur la rive française. L'entrepreneur pourra se servir également du pont provisoire et des échafaudages des piles; mais il se chargera, par contre, de tout le nécessaire pour la construction et le levage, tels que baraques, magasins, outils, machines et échafaudages, etc. Les dégâts commis par les ouvriers de l'entrepreneur (ou résultant d'un défaut dans ses dispositions de construction) à une partie quelconque à la maçonnerie du pont seront à la charge de l'entrepreneur.

§ 5.

Les parties isolées des ponts tournants pourront s'exécuter dans les ateliers de l'entrepreneur éloignés du lieu de la construction et y être ajustées.

L'administration se réserve le droit de faire surveiller les travaux par un de ses agents. L'assemblage des poutres, et en général de toutes les parties en fer, devra se faire sur le lieu même de la construction.

Tout le fer pourra être amené sans frais d'importation. Les ouvriers de l'entrepreneur seront exempts des frais de péage sur le pont du Rhin.

§ 6.

Quant au mode de construction des échafaudages à employer lors du levage du pont, ainsi que pour toutes mesures relatives à la sûreté des ouvriers occupés à la construction, l'entrepreneur devra en référer à l'ingénieur chargé de la construction et suivre les dispositions prescrites par ce dernier.

L'ajustage et le scellement des plaques d'appui ou sommiers des poutres en treillis, au droit des piles et culées, sera aux frais de l'entrepreneur et exécuté selon les indications des dessins.

L'administration se charge de la fourniture et de la façon des bois entrant dans la composition de la voie ; mais l'entrepreneur aura à fournir les pièces de fer (boulons) qui servent à fixer ces bois.

L'administration fournira gratuitement les rails (avec engins pour les fixer) qui seront nécessaires à l'entrepreneur soit pour la construction dans les ateliers, soit pour le transport sur les culées et les piles, sous la condition que l'entrepreneur les lui remettra dans le même état où il les a reçus.

§ 7.

Les feuilles de tôle et fers à cornière aux plates-bandes supérieures et inférieures des poutres treillisées pourront s'assembler à joints plats ; mais les joints alternatifs seront garnis de couvre-joints de longueur suffisante.

Tous les rivets devront être en fer d'excellente qualité et entrer exactement dans les trous destinés à les recevoir (c'est-à-dire les remplir exactement) ; ils pourront être mis à chaud.

L'ingénieur chargé de la construction aura le droit de s'assurer, pendant l'exécution (en faisant sortir des rivets quelconques), si ces rivets remplissent bien leurs trous et s'ils sont d'une bonne qualité de fer. Toutes les têtes des boulons, ainsi que les écrous, seront à six pans et tournés à leur base ; les boulons devront avoir un diamètre uniforme et entrer exactement dans leurs trous. Les pas de vis auront un filet bien accusé, et les écrous ne devront ni ballotter, ni aller trop durement.

§ 8.

Toutes les parties en fer, avant d'être assemblées entre elles, et après avoir été débarrassées de la rouille, seront enduites d'une couche d'huile mêlée d'un peu de couleur. Après la mise en place, on réparera cette première couche de peinture, là où elle aura souffert ; après on mastiquera et on donnera deux autres couches de peinture. On donnera à ce sujet plus tard des instructions plus précises.

Pour l'exécution des ponts tournants, on exigera une précision mathématique en ce qui concerne le mécanisme fixe et tournant. Toutes les parties en devront être ajustées avec le plus grand soin, et le montage ne devra rien laisser à désirer.

La disposition des engrenages sur les culées et pour tourner le pont est indiquée par les dessins auxquels on devra se conformer. Toutefois, il sera loisible à l'entrepreneur, dans le cas où il trouverait de meilleures dispositions à y substituer, de les employer, après avoir soumis à l'approbation de l'administration les plans y relatifs.

§ 9.

Pour les portiques en fonte et les clochetons des piles, les dessins annexés aux projets ne donnent qu'un aperçu, l'administration se réservant de fixer ultérieurement les formes définitives et les détails de construction des pièces d'ornement.

§ 10.

La fonte destinée aux portiques devra être pure et exempte de bavures, et reproduire fidèlement les dessins de détail qui seront remis à l'entrepreneur. Elle devra être bien liquide, et se prêter surtout à de fins moulages. Les modèles de ces ouvrages en fonte (ouvrages qui feront partie du pont fixe) seront à faire, aux frais de l'entrepreneur, strictement conformes aux dessins qui lui seront remis. — Avant de passer à l'exécution, l'entrepreneur sera tenu de soumettre à l'approbation de la direction des ponts et chaussées les plans relatifs à l'assemblage des différentes parties des portiques et tourelles des piles.

Les modèles des statues sur les deux portiques représentant le Rhin, la Kinzig et l'Ill, seront faits aux frais de l'administration, mais l'entrepreneur aura à soigner le transport des modèles de la fonte, et à faire le montage des statues. — Le montage des portiques devra être correct, et les pièces de fonte à ajuster seront proprement travaillées.

§ 11.

Les livraisons, l'organisation et les travaux seront conduits de manière que dans dix-huit mois, après l'approbation de ce traité, tout le pont soit livré à la circulation, et que les portiques soient montés.

Les livraisons de fer et les travaux préparatoires pour l'exécution du pont seront conduits de telle façon que, trois mois après l'approbation de ce traité, on puisse travailler sans interruption avec le personnel d'ouvriers nécessaire ; de son côté, l'administration veillera à ce que, dans quinze mois, les autres constructions soient assez avancées pour permettre de commencer la mise en place de la superstructure. Toutefois, l'administration ne s'engage pas à payer d'indemnité si, par suite d'empêchements imprévus, les maçonneries n'étaient pas assez avancées pour permettre la mise en plan de la superstructure dans les délais stipulés.

Immédiatement après la mise en place, le chantier sera nettoyé, de manière que la voie puisse être achevée.

§ 12.

Si l'entrepreneur n'observe pas les délais prescrits pour commencer et achever son travail, ou si l'exécution n'avance pas, d'après les supputations de l'administration, eu égard au temps écoulé, de manière qu'il soit à craindre que les délais d'achèvement ne soient pas tenus, l'administration sera libre, sans autre formalité, d'achever, au compte de l'entrepreneur, soit les fournitures, soit les travaux.

L'entrepreneur renonce expressément par la présente à toute action judiciaire (L R P, 1139) ; dans le cas de la non-observation des délais d'achèvement, il sera passible d'une amende de 1/2 pour 100 du montant total de son entreprise par chaque semaine de retard.

§ 13.

Pour la bonne exécution et pour la bonne qualité des matériaux, l'entrepreneur aura une garantie de six mois, qui courra du jour de la remise du pont à l'exploitation. Tous les défauts qui apparaîtront pendant cet intervalle, en tant qu'ils seront démontrés provenir de l'emploi de mauvais matériaux, ou de malfaçon dans le travail, seront réparés sur-le-champ à ses frais, à la première réquisition qui lui en sera faite.

Si l'entrepreneur n'obtempère pas à cet ordre dans un délai fixé, l'administration aura le droit, sans autre formalité judiciaire, d'intervenir, et de faire à ses frais les améliorations nécessaires. Si, par suite de ces travaux, il survenait des entraves dans l'exploitation, l'entrepreneur en sera responsable.

§ 14.

Sur le montant des situations des constructions en fer, il sera payé 90 pour 100 après achèvement et remise régulière de cette construction. Les 10 pour 100 restants seront payés après l'expiration du délai de garantie au § 13. Des à-comptes de 2/3 de la valeur des matériaux approvisionnés, et d'autres travaux faits, seront payés en cours d'exécution. L'entrepreneur est tenu d'avoir sur le chantier une bascule où seront pesées, en présence d'un agent de l'administration préposé *ad hoc*, toutes les pièces de la construction en fer susceptibles de l'être. — Pour les pièces qui, par suite de leurs dimensions, ou d'autres raisons, ne pourront pas être pesées, on déduira le poids d'après celui des pièces partielles et plus courtes qui les composent.

Pour latitude dans les dimensions de fers, on a admis 1/400, ou plutôt 4 pour 100 de tolérance dans les poids calculés d'après les dessins d'exécution ; l'administration ne sera pas tenue de payer le poids excédant cette tolérance.

Le poids spécifique de la fonte sera considéré de. . . . . $7^k,21$

Celui du fer laminé et forgé. . . . . $7^k,78$

§ 15.

Si, par des empêchements extraordinaires, l'administration venait à ne pas construire le pont, elle sera tenue de décompter avec l'entrepreneur, et de prendre les parties déjà faites et les matériaux mis en œuvre à des prix en rapport avec ceux du marché.

L'entrepreneur ne pourra, toutefois, réclamer d'autre indemnité.

§ 16.

L'entrepreneur aura à désigner un fondé de pouvoir qui demeurera sur le chantier ou dans son voisinage, avec lequel l'administration pourra conférer oralement.

Ses actes seront valables comme ceux de l'entrepreneur, et toutes les déclarations qui lui seront faites, seront considérées comme faites à l'entrepreneur lui-même.

§ 17.

L'entrepreneur ne pourra sous-traiter tout ou une partie du travail, sans le consentement formel de l'administration badoise.

§ 18.

Pour garantie de la rigoureuse exécution de son marché, l'entrepreneur déposera un cautionnement en papier de l'Etat de Bade, ou se fera cautionner par une solide maison de banque, de 15,000 florins pour la partie fixe du pont, et 10,000 florins pour les deux ponts tournants. Ce cautionnement sera versé, avant l'échange des traités, à la direction des ponts et chaussées badoise, et restera déposé jusqu'à l'expiration du délai de garantie dont parle le § 13, et deviendra propriété de l'administration, si le marché n'est pas exécuté du tout ou incomplétement.

§ 19.

Les différends qui surviendront, relativement à l'interprétation et à l'exécution du cahier des charges, entre l'entrepreneur et l'administration badoise, seront vidés par un tribunal arbitral composé de trois arbitres, dont l'un sera choisi par l'administration, le deuxième par l'entrepreneur, et le troisième par les deux premiers. Pour l'exécution de ce traité, et pour les négociations des arbitres, les parties élisent domicile à Carlsruhe.

§ 20.

Les prix qui seront demandés pour le pont fixe et pour les deux ponts tournants, sous les conditions précédemment stipulées, sont à désigner sous la rubrique suivante :

I. Pour la partie fixe du pont.

(*a*) Par zollcentner (50 kilogrammes) de fonte :

1° Des portiques et tourelles des piles ;

2° Des garde-corps ;

3° Des plaques de rouleaux de friction.

(*b*) Par zollcentner (50 kilogrammes) de fer forgé, de tôle et de fer laminé de toute espèce, rivets et boulons compris.

II. Pour les deux ponts tournants.

(*a*) Par zollcentner de fonte :

1° Des candélabres et garde-fous;

2° Des autres fontes simples.

(*b*) Par zollcentner de fer forgé et laminé de toute espèce, rivets et boulons com pris.

(*c*) *Par centner de parties de machines*, c'est-à-dire le mécanisme fixe et mobile, comprenant les engrenages avec leurs axes, supports et manivelles, galets et cercles de roulement des plaques tournantes.

Les prix désignés comprendront l'achèvement des dessins d'appareil et des modèles, l'installation des ateliers, engins et outillage, la livraison de tous les matériaux nécessaires pour travailler et assembler la construction en fer, le transport sur chantier, la mise en place sur les piles et l'achèvement suivant les prescriptions, ainsi que le nettoyage du chantier.

Les offres seront faites par soumissions cachetées jusqu'au 28 février à neuf heures du matin, à la direction des ponts et chaussées badoise, avec la suscription suivante :

« POUR LA CONSTRUCTION DU PONT DU RHIN A KEHL. »

Présenté par l'Ingénieur en chef,

Signé : KELLER.

XIV

RÉSUMÉ DES ÉPREUVES *faites au pont sur le Rhin, à Kehl, les 27 mars 1861 et jours suivants.*

Il a été procédé, les 27 mars 1861 et jours suivants, aux épreuves du pont du Rhin à Kehl, en conformité de la circulaire ministérielle du 26 février 1858 et de la dépêche ministérielle du 20 mars 1861.

Ces épreuves ont été faites sous la direction de M. Morice de La Rue, inspecteur général des ponts et chaussées, de concert avec les autres membres composant la Commission mixte déléguée à cet effet par le gouvernement français et le gouvernement du grand-duché de Bade, et de M. Vuigner, ingénieur en chef de la Compagnie des chemins de fer de l'Est.

Charge permanente.

On a composé un train à la voie de droite (amont), s'appuyant en tête à la première pile en rivière de gauche et en queue à la rive gauche ; ce train avait la charge suivante :

NOMS DES LOCOMOTIVES.	LONGUEUR.	POIDS.
	Mètres.	Tonnes.
Nabuzardan.	13.20	63. »
Triboulet.	13.20	63. »
Gargantua.	13.20	63. »
His.	13.20	45. »
L'Atelier.	13.20	45. »
Entonneures.	13.20	63. »
Léopard.	13.20	45. »
Trois waggons de rails.	19.80	43.50
Surcharge de rails posés à côté. . .	»	25.05
Dannemarie.	13.10	45. »
Total.	125.30	500.55

Soit en moyenne $\frac{500^t,55}{125,30}$ ou 4,000 kilogrammes par mètre courant, conformément aux prescriptions de la circulaire ministérielle du 26 février 1858, pour les ponts d'une portée de plus de 20 mètres.

Cette longueur de 125^m,30 répond à peu près à la longueur suivante :

Travée fixe de gauche amont.	56^m,00
Largeur de la pile-culée de gauche.	4 ,50
Pont tournant.	62 ,00
Total.	122^m,50

A la voie de gauche (aval), on a composé un train à peu près semblable, s'appuyant également en tête à la première pile de gauche, et en queue à la rive gauche du Rhin ; il était composé ainsi qu'il suit :

NOMS DES LOCOMOTIVES.	LONGUEUR.	POIDS.
	Mètres.	Tonnes.
Stauffenberg.	12.20	39.50
Philadelphie.	12.70	40. »
Stephenson.	11.60	41. »
Achille.	12.60	49.30
Copernic.	13.20	51.80
10 waggons de rails.	65. »	166.60
Surcharge en rails posés à côté. . .	»	85.50
Total.	127.30	473.70

Soit en moyenne $\frac{473^{t},70}{127,30}$ ou 3,710 kilogrammes par mètre courant.

Il y a lieu d'observer qu'on n'a pas eu assez de locomotives Engerth pour pouvoir charger la voie de gauche autant que la voie de droite ; on y a mis autant de rails qu'on a pu. Toutefois, on remarquera que la première partie des deux trains parallèles présentait dans leur ensemble une charge de 8,000 kilogrammes par mètre courant de pont.

Ces deux charges étant ainsi composées, on les a fait avancer successivement, puis parallèlement, de manière à charger tour à tour isolément, puis simultanément, toutes les parties du pont.

Le tableau ci-contre indique les positions diverses de la charge permanente, il indique en outre les flexions qu'on a obtenues, et le temps pendant lequel la charge permanente est restée sur chaque partie du pont.

Charge roulante.

Quant aux épreuves de charge roulante, elles ont été faites au moyen de deux trains composés chacun de deux machines Engerth, cinq waggons de rails (à 14,300 kilogrammes l'un), et un fourgon.

Le tableau ci-contre indique la manière dont les épreuves ont été faites et les flexions produites.

Toutes ces expériences ont démontré la parfaite solidité des ouvrages.

Strasbourg, le 6 avril 1861.

L'ingénieur du contrôle,

Signé : DUBUISSON.

INDICATION DES ÉPREUVES. POSITION DE LA SURCHARGE. DURÉE DES ÉPREUVES.	PONT TOURNANT (RIVE FRANÇAISE).			1re TRAVÉE FIXE.			2e TRAVÉE.		3e TRAVÉE.	PONT TOURNANT (RIVE BADOISE).		
	Poutre d'aval.	Poutre du milieu.	Poutre d'amont.	Poutre d'aval.	Poutre du milieu.	Poutre d'amont.	Poutre du milieu.	Poutre d'amont.	Poutre d'amont.	Poutre d'aval.	Poutre du milieu.	Poutre d'amont.
I. Épreuves de charge permanente.												
1re épreuve, du 27 mars au matin au 27 au soir : surcharge sur les deux voies du pont tournant (rive française) et de la première travée.....	0,009	0,009	0,009	0,012	0,013	0,012	»	»	»	»	»	»
2e épreuve : du 27 au soir au 28 au matin : voie montante chargée sur le pont tournant (rive française) et la première travée; voie descendante chargée sur la première et la deuxième travée..................	0,006	0,007	0,004	0,008	0,005	»	0,006	0,013	0,012	»	»	»
3e épreuve, du 28 au matin au 28 au soir : surcharge sur les deux voies des deuxième et troisième travées fixes................	»	»	»	(1) —0,010	—0,013	—0,006	0,013	0,018	0,013	»	»	»
4e épreuve, du 28 au soir au 29 au matin : voie montante chargée sur les deuxième et troisième travées fixes; voie descendante chargée sur le pont tournant (rive badoise)................	»	»	»	»	»	»	0,012	0,006	0,001	»	0,008	0,008
5e épreuve, du 29 au matin au 29 au soir : charge sur les deux voies du pont tournant (rive badoise)....	»	»	»	»	»	»	»	»	»	0,011	0,012	0,011
II. Épreuves de la charge roulante.												
1re épreuve : un train de Strasbourg à Kehl sur la voie montante (vitesse 30 kilomètres)..............	0,008	0,006	»	0,011	0,008	0,001	0,008	0,001	0,001	0,009	0,005	0,001
2e épreuve : un train de Strasbourg à Kehl sur la voie descendante.........	»	0,005	0,008	0,001	0,008	0,013	0,006	0,010	0,013	0,001	0,006	0,009
3e épreuve : les mêmes trains revenant parallèlement sur les deux voies............	0,008	0,011	0,007	0,011	0,015	0,013	0,015	0,012	0,013	0,009	0,008	0,008
4e épreuve : comme la deuxième épreuve.............	0,001	0,005	0,008	0,001	0,008	0,002	0,008	0,010	0,010	0,001	0,005	0,008
5e épreuve : les deux trains se croisent sur le milieu du pont dans le sens de la marche normale..........	0,008	0,005	0,008	0,010	0,007	0,014	0,015	?	0,013	0,008	0,005	0,008
6e épreuve : id., id., mais en sens contraire sur la troisième travée fixe.........	0,008	0,005	0,008	0,010	0,008	0,008	0,012	0,013	0,010	0,006	0,005	0,006
7e épreuve : id., id., dans le sens de la marche normale, mais sur la première travée fixe.....................	0,008	0,005	0,008	0,010	0,009	0,015	0,013	0,010	0,011	0,008	0,005	0,008

(1) Le signe — indique un relèvement.

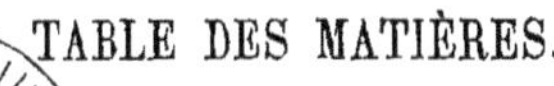

TABLE DES MATIÈRES.

Paris. — Typographie HENNUYER, rue du Boulevard, 7.

ERRATA

Page XX de l'exposé — *au lieu de :* de concert avec l'administration, *lisez :* sur l'avis conforme du Conseil général.

— XXII — *au lieu de :* artistiqu, *lisez :* artistiques.

Page 19 du texte — *au lieu de :* et pesant environ 880 kilogrammes, *lisez :* pesant environ 880 kilogrammes et.

— 28 — *au lieu de :* le tableau annexé n° 9, *lisez :* le tableau, annexe n° 9.

— 32 — *au lieu de :* 3,444^{m},554 et 6,075^{m},059, *lisez :* 3.444.554^{k} et 6,075,059^{k}.

— 58 — *au lieu de :* 8,802, *lisez :* 0,802.

— 79 — *au lieu de :* afin de la mettre, *lisez :* afin de les mettre.

— 80 — *au lieu de :* et dont on trouve, *lisez :* dont on trouve.

— 96 — *au lieu de :* pour le pont métallique supportant les voies du chemin de fer, *lisez :* pour les ponts métalliques supportant les voies des chemins de fer.

— 99 — *au lieu de :* 35000 kilogrammes, *lisez :* 350.000 kilogrammes.

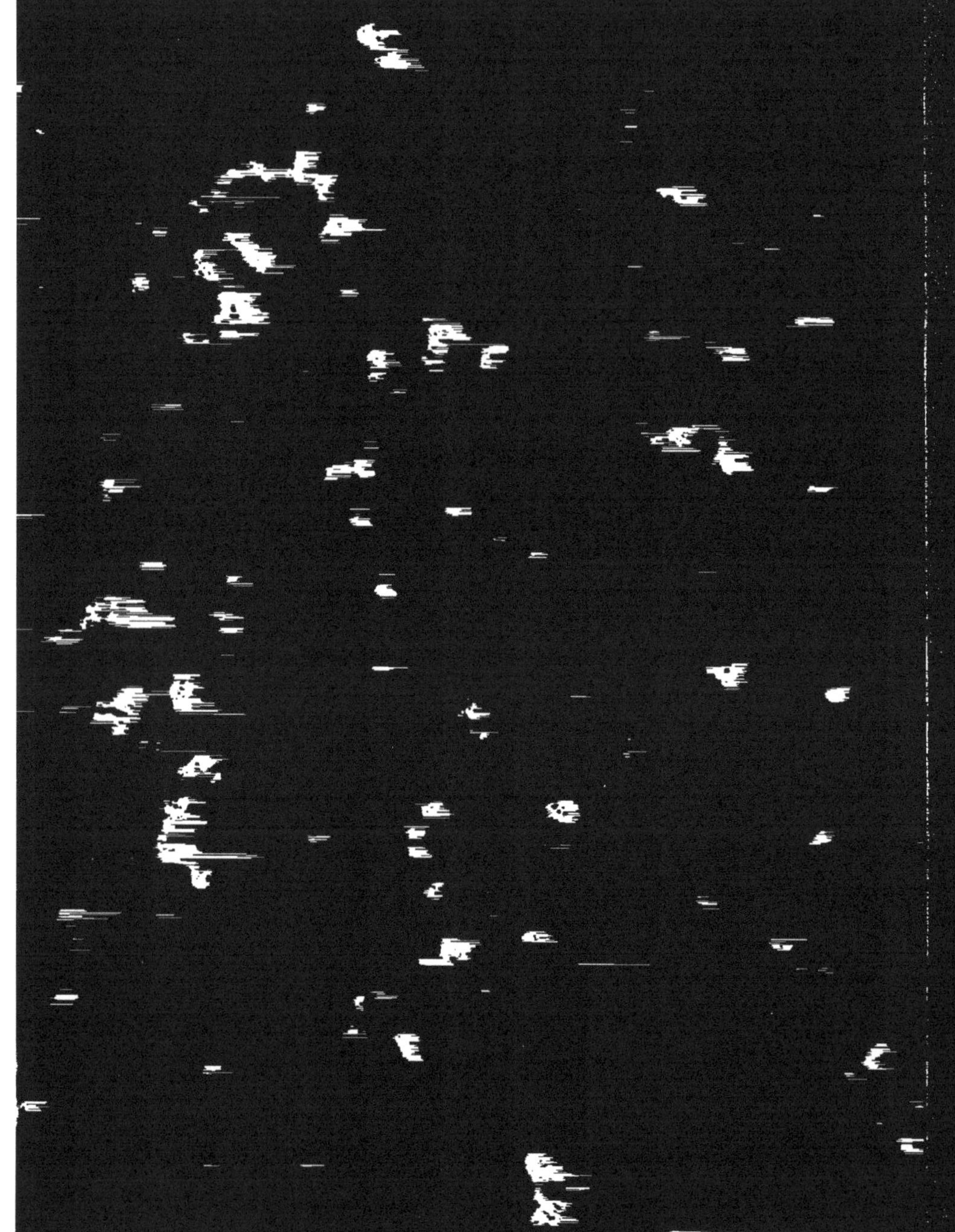

www.ingramcontent.com/pod-product-compliance
Ingram Content Group UK Ltd.
Pitfield, Milton Keynes, MK11 3LW, UK
UKHW021043200726
13857UKWH00003B/800

9 782012 464056